技能专家教诀窍丛书

JINENG ZHUANJIA JIAO JUEQIAO CONGSHU

富媒体

一线创新成果案例集

油气集输专业

（一）

中国石油天然气集团公司 人　事　部
　　　　　　　　　　　　　思想政治工作部 编

石油工业出版社

内 容 提 要

本书收集了中国石油油气集输专业 2011 年至今形成、已在实际生产中应用和取得实际效果并具有一定推广价值的一线优秀创新成果，分为技改革新、解决难题、安全环保三类，具有很强的实用性。本书适合油气集输专业一线操作技能人员阅读，其他相关人员也可参考使用。

图书在版编目（CIP）数据

一线创新成果案例集．油气集输专业／中国石油
天然气集团公司人事部、思想政治工作部编．—北京：石
油工业出版社，2017.11
　　（技能专家教诀窍丛书）
　　ISBN 978−7−5183−2131−5

　　Ⅰ．①一… 　Ⅱ．①中… 　Ⅲ．①油气集输
Ⅳ．① TE86

中国版本图书馆 CIP 数据核字（2017）第 227848 号

出版发行：石油工业出版社
　　　　　（北京安定门外安华里 2 区 1 号　100011）
　　　　　网　　址：www.petropub.com
　　　　　编辑部：（010）64251613　图书营销中心：（010）64523633
经　　销：全国新华书店
印　　刷：北京中石油彩色印刷有限责任公司

2017 年 11 月第 1 版　2019 年 2 月第 3 次印刷
710×1000 毫米　开本：1/16　印张：8.25
字数：185 千字

定价：36.00 元
（如出现印装质量问题，我社图书营销中心负责调换）

序

创新是民族进步的灵魂，是一个国家兴旺发达的不竭源泉，也是中华民族最深沉的民族禀赋，正所谓"苟日新，日日新，又日新"。

创新是企业的动力之源，是企业的立身之本。多年来，集团公司大力实施"创新驱动发展战略"，始终坚持依靠创新激发活力，依靠创新提升竞争力，在企业发展的进程中，不断践行创新的理念，树立创新的思维，运用创新的方法，实现企业创新发展。

一线创新创效，是社会创新体系建设的重要一环，是国家和企业创新体系的基础。一线创新创效工作的开展，搭建了万众创新大舞台，凝聚了百万员工大智慧，展现了技能人才队伍建设服务生产经营大作为。

集团公司对近些年来生产一线创新经验、成果进行了归纳和总结，评选出优秀成果。这些成果，来源于生产实践，着力于解决生产难题，得益于长期的工作积累，具有较高的实用价值和一定的经济效益。为加大推广应用力度，集团公司组织出版了这套《一线创新成果案例集》丛书，内容涵盖了集团公司主要生产专业技改革新、绝招绝技、解决难题、安全环保等方面的成果案例。

本套丛书的出版，旨在为广大一线员工搭建技艺交流和成果展示的平台，一方面将多年来积累的经验与做法进行分享和传授，培养和带动更多的员工走技能成才之路；另一方面，鼓励和吸引集团公司高技能人才不断总结和提升，以技立业运匠心，砥砺才干促发展。

我们衷心地希望，本套丛书的出版，能够让一线创新创效成果走出企业，进入现场，发挥作用，让越来越多的实用技术和宝贵经验能够被总结和推广，进而转化为生产力，让个人的智慧与成果成为集体共享的资源，共同在"奉献能源、创造和谐"的宏伟事业中，创造出更大、更辉煌的业绩！

目 录

技改革新

500 万天然气脱硫装置优化调整 / 金光明　于建良　许　鸿 …… 3

稠油专用取样装置的改进 / 靳光新　伍小三　李军强 ……… 7

掺水自动停止装置 / 靳光新 ……… 11

新型多功能测温取样器 / 孙继梅 ……… 15

缓冲罐携油蒸汽滤油装置 / 张玉华 ……… 17

重庆气矿天然气管道周边施工现场视频监控系统的应用 /
　　甘代福　宋　伟　游春丽 ……… 23

输气站场 ESD 系统备用电源无缝切换技术及电磁阀直流电压测试
　　系统的改进 / 毛学彬　刘力升　罗　佳 ……… 35

放空火炬点火装置的改进 / 龙俨丽　徐　立　艾天敬 ……… 41

柱塞泵填料总成压紧法兰取出器 / 刘建林　张创国　陈海林 …… 45

注水泵电动机和动力箱温度远程监测 / 姜　宏　褚海威　南嘉雪 48

集输加热炉远程自动控制研究与应用 / 姜　宏　南嘉雪　姜良升 50

输油泵过滤器专用拆卸装置 / 乔永青　刘世问　高　强 ……… 60

便捷式高压阀门更换装置 / 兰成刚　王　涛　王爱法 ……… 63

机泵故障停机远程无线报警系统 / 张文超　冉俊义　付　起 ……… 67

应用正交试验法提高三相分离器分离效果 /
　　冯　松　郭连升　王振东 ……… 71

外装式机械密封调整器 / 顾仲辉 ……… 77

新型液面浮油聚集器 / 李魁芳　岳海鹏　高　毅 ……… 81

罗茨鼓风机皮带张力调节装置 / 李魁芳　岳海鹏　高　毅 ……… 85

新型折角式过滤器 / 李魁芳　岳海鹏　李天宝 ……… 89

解决难题

凝析油稳定装置流程优化 / 胡伟明　魏西尧　杨志军 …………… 97

高压柱塞泵取阀装置 / 王立新　杨凤九　周忠军 …………… 104

输油泵自动变频控制方式的改进 / 姜　宏　张晓静　范文斌 …… 108

真空引水装置在外排水泵中的应用 / 张学军　岳海鹏　高　毅 … 112

安全环保

可手动开启式止回阀 / 王运成　殷昌磊　黄　河 …………… 119

防爆型远传液位报警装置 / 田大志　安文霞 …………… 123

技改革新

500万天然气脱硫装置优化调整

金光明　于建良　许　鸿

（塔里木油田塔西南勘探开发公司）

一、问题的提出

和田河作业区500万天然气处理厂2012年9月开工建设，2013年11月6日成功进气生产。

由于和田河气田4口井硫化氢含量呈上升趋势，根据气藏构造硫化氢含量"西高东低"的特点，结合同层位邻井硫化氢含量预测，玛4-H4、玛4-H6、玛4-10H、玛5、玛5-1、玛5-4H、玛5-6H井硫化氢含量将上升至同层位邻井硫化氢浓度。

脱硫装置原设计调峰配产 $500 \times 10^4 m^3/d$ 时能处理的硫化氢最高含量为 $662.9 mg/m^3$。单井硫化氢含量上升后，配产 $320 \times 10^4 m^3/d$ 时进站硫化氢含量将高达 $3380 mg/m^3$，硫化氢含量远高于装置设计硫化氢处理能力（表1）。

表1　进气量和硫化氢处理能力对比表

装置进气量 （$10^4 m^3/d$）	设计硫化氢处理能力 （mg/m^3）
500	662.9
400	828.6
300	1104.8
200	1657.2
100	3314.5

脱硫装置在配产为 $（110\sim281）\times 10^4 m^3/d$ 的高含硫化氢条件下运行极为不稳定。

通过脱硫装置一年多连续运行情况分析，限制装置脱硫能力的主要原因有以下几点：

（1）MDEA 溶液循环质量较差；

（2）高含硫化氢状态下 MDEA 再生塔负荷高，塔压无法保持稳定；

（3）MDEA 吸收塔内反应温度高，硫化氢吸收效果差；

（4）自控回路调节参数未达到最优化值，再生塔塔温控制波动较大，MDEA 再生塔 MDEA 溶液再生效果不佳，需确定再生塔最佳工作参数。

二、改进思路及方案实施

改善 MDEA 溶液过溶后质量；调整空冷器状态，降低塔压，稳定再生塔工作状态；保持 MDEA 溶液在吸收塔内的最佳工作温度，使塔顶温度保持稳定。

（1）MDEA 溶液循环质量较差。

①更换 MDEA 过滤器滤芯，由投产时预过滤器 100μm、精过滤器 50μm，调整为预过滤器 50μm、精过滤器 25μm，改善 MDEA 溶液过溶后质量；

②投用活性炭过滤器，去除 MDEA 溶液中的烃类及盐类降解物质；

③对 MDEA 过滤器清洗流程进行技术改造，增加小流量补液流程，降低频繁清洗过滤器对脱硫系统的影响；

④对 MDEA 过滤器清洗操作规程进行修订，对 MDEA 脏溶液进行沉淀回收。

（2）高含硫化氢状态下 MDEA 再生塔负荷高时塔压无法保持稳定。

再生塔负荷高时塔顶压力可高达 110kPa，而此时酸气分离器后去硫黄装置压力只有 70kPa，酸气空冷器前后压差达到 40kPa，再生塔无法稳定工作，冲塔、拦液现象不定时发生。通过现场测量分析，发现空冷器 3 层盘管温度呈现梯度降低趋势，顶部温度达 80℃，中部温度为 50℃，底部温度为 20℃，中部、低部出现液堵现象，流通不畅，导致塔压高。

空冷器风扇两台同时向上吸，调整为一台向上吸，另一台向下吹，均衡盘管内酸液流态，降低塔压，稳定再生塔工作状态。

（3）MDEA 吸收塔内反应温度高，硫化氢吸收效果差。

MDEA 吸收塔中部反应温度时常保持在 60℃左右，通过查阅相关资料，吸收塔吸收硫化氢反应温度在 40～50℃之间效果较佳。

调整 MDEA 贫液空冷器温度为 30℃，保持贫液进塔温度在 40℃以下，保证 MDEA 溶液的最佳工作状态。

（4）自控回路调节参数未达到最优化值，再生塔塔温控制波动较大，MDEA 再生塔 MDEA 溶液再生效果不佳。

确定再生塔最佳工作参数，塔底温度为 120℃，塔顶温度为 105℃，塔顶压力为 80kPa，通过不断优化温度控制 PID 参数，使塔顶温度保持稳定，波动不超过 1℃。

三、应用效果

技术改造及生产调整后的数据见表 2。

表 2　技术改造及生产调整后脱硫装置考核情况

时间 （年.月.日）	进气量 （$10^4 m^3/d$）	原料气硫化氢含量 （mg/m^3）	外输硫化氢含量 （mg/m^3）
2015.1.1	232.4298	1976.3	10.6
2015.1.18	188.8897	2122.2	13.7
2015.2.1	197.0523	3898.9	18.9
2015.2.2	203.0778	3489.6	17.4
2015.2.3	203.5991	3438.8	13.2
2015.2.4	206.6626	3222.1	14.2
2015.2.5	206.7978	3564.8	16.5
2015.2.6	206.6294	3540.9	16.4
2015.2.7	189.3114	3286.7	15.8
2015.2.8	176.6785	4199.8	18.3
2015.2.9	212.6097	3250	18.2

通过技术改造与生产调整，使高含硫化氢天然气通过脱硫装置处理之后，外输天然气硫化氢含量达到了国家规定的气质标准，装置实际生产能力超出了设计处理能力的 2 倍多，装置稳定运行。这标志着和田河作业区对大型含硫天然气处理装置的操作运行有了新的突破，同时也打开了和田河作业区"以技术促安全、以技术保质量、以技术谋产量"的安全生产新思路，为下游安全平稳供气，冬季保供奠定了坚实的基础。

经济效益：通过对脱硫装置进行系统性优化，参数调整，流程优化，技术改造实施，在一定工况条件下，脱硫装置硫化氢处理能力达到装置设计能力的 2 倍，适应目前状态下和田河气田合理配产需求，节约了新建、扩建脱硫装置带来的大笔项目投资（根据 2014 年 9 月 26 日版《油气开发部和田河气田脱硫装置改扩建工程》投资预算约 7000 万元）。

社会效益：脱硫工艺的优化调整保证了处理厂装置的平稳运行，最大限度地提高了冬季保供气量，保障了南疆地区冬季供气需求，为南疆生产、生活用气提供清洁能源，促进了南疆地区社会稳定、和谐发展。

四、技术创新点

对 MDEA 脱硫装置进行系统性的优化，适应本套装置新的参数调整，流程优化，技术改造实施，使 MDEA 脱硫装置在一定工况条件下硫化氢处理能力达到装置设计能力的 2 倍。

稠油专用取样装置的改进

靳光新　伍小三　李军强

（新疆油田重油开发公司）

一、问题的提出

油罐取样是集输处理站化验工每天必不可少的工作之一，取出样经化验得出数据也是生产调节的重要依据（图1）。

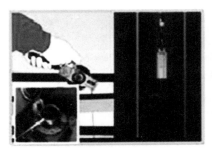

（a）下尺测量

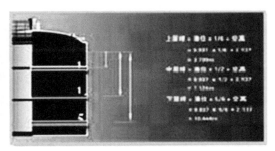

（b）计算取样

（c）下取样器至取样点

（d）打开取样器瓶塞

（e）充满后提出取样器

图1　油罐取样步骤

在日常取样过程中，多次发生取样器量油尺尺身打折、扭曲，严重时导致尺身断裂取样工具掉入油罐中。有时因摇把打滑，造成取样器快速下坠，尺带把操作员工的手指划伤，在操作中存在不安全因素。近两年来共发生取样器损坏以及掉入罐中，操作工操作时滑尺受伤累计66次，消耗取样器48个，增加了操作成本和员工的劳动强度，延长了操作员工的工作时间（图2）。

图2 损坏的取样器、量油尺

二、改进思路及方案实施

从以上事例中进行仔细分析，找出取样器存在如下问题：

（1）取样器太轻，瓶底太大，瓶子和液面接触瞬间浮力太大。当化验工取样时，取样瓶接触到液面后取样瓶总是漂在液面上下不去，造成尺子易打卷，量油尺尺面太脆，当尺子打卷后，取样瓶浸入液体中，取样抖尺时稍一用力就打折断裂。

（2）量油尺上、下尺过程中频繁卡尺，量油尺在360°的旋转范围内只有两个卡尺点（图3），浪费时间，操作中摇把太短，经常打滑，易造成操作人员受伤，存在安全隐患。

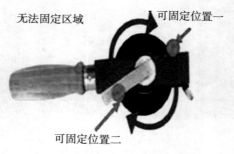

图3 摇柄固定位置示意图

（3）单罐取样操作时间平均为120 min。长时间在罐顶弯着腰量油取样，不利于人的身体健康。

针对以上问题，我们分别对取样器瓶和量油尺进行了改造。

改造一——针对取样器太轻，我们把取样器进行加重，瓶底变厚，质量由 750g 变成 1500g，并对取样器底进行改造，由以前底面是圆形平面，变成现在的可拆卸式圆锥台底。这样增大了瓶底对液面的压强，降低液面对取样器底部的表面张力，加快取样器的入液速度，从而加快了取样速度（图4）。

图4 改造后取样器的底面形状

改造二——在量油尺中轴加入制动装置（图5、图6），这样操作工就不用频繁卡尺。操作工手抓摇柄上、下尺摇尺，打滑瞬间，尺子自动停止，防止取样器自由下落，杜绝了伤人事故的发生。

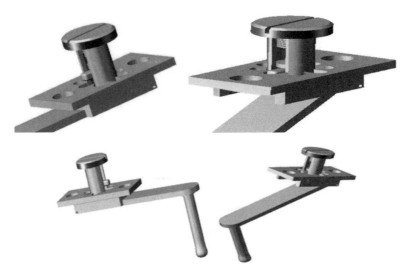

图5 在量油尺中轴加入制动装置

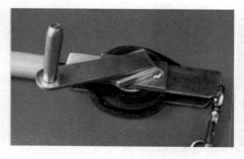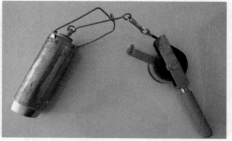

图 6　制动式量油取样器

三、应用效果

制动式量油取样器在 93 号处理站试用，取得良好的效果。

（1）有效地降低了员工的劳动强度，缩短了操作时间。日常要对两个沉降罐进行取样操作，平时用老取样器，操作工上罐之前找块石头装在瓶内对取样器进行加重，有时操作过程中取样器断了，掉入罐中，还要重新取来备用取样器，再进行操作，操作时间平均为 120min。采用新研制的制动式取样器后只用 30～40min 就能完成两个罐取样工作。

（2）制动装置保障了取样操作的安全性。新取样器使用两年来，未发生一次安全事件。

（3）年节约材料费 8.61 万元。改造前每月平均消耗取样器约 6 个，改造后新取样器平均每月消耗约 2 个，每年节约量油取样器约 48 个。

改造后的取样器值得在各稠油处理站推广应用。

四、技术创新点

在量油尺中轴加入制动装置，有效地解决了量油尺打滑这一现象，减少了员工操作中的不安全因素；通过改变取样器的形状和重量，解决了操作下尺中下降速度慢的问题，提高了员工的操作效率，缩短员工的操作时间，降低了操作人员的劳动强度。此成果荣获集团公司 2017 年油气开发专业一线创新成果一等奖。

掺水自动停止装置

靳光新

（新疆油田重油开发公司）

一、问题的提出

稠油处理站的工艺流程如图 1 所示，从采油队来液到油水分离处理过程中，从一段沉降罐分离出来的含油污水加入适当比例反相破乳剂溶液后进入污水沉降罐沉降。在反相破乳剂的配制过程中，如图 2 所示，先在加药间加药台处加入适量的破乳剂原液，然后打开药罐上部的进水阀给药剂罐掺入清水，加水至设计的液位后，人工关闭进水阀。

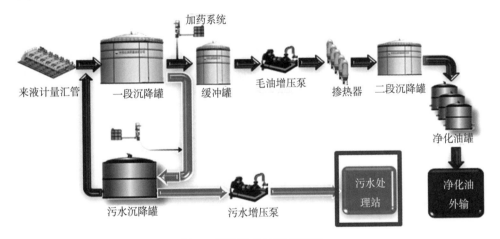

图 1　稠油处理站工艺流程

在配制过程中，存在以下几个方面的问题：

（1）加药掺水的时间长，一般用时 45～60min。

（2）加药台破乳剂气味大，加完药后，加药台上药液挥发出浓浓的破乳剂味，员工闻到会造成身体不适。

（3）药液浪费。员工关闭进水阀门不及时，就会造成药罐溢药现象，产生药液浪费。

（4）药液混合不均匀。加在管线里的药液和罐内清水混合不均匀，不利于药液充分发挥作用。

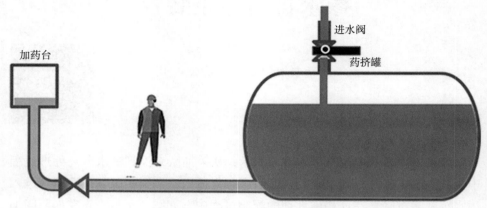

图2　反相破乳剂配制过程示意图

二、改进思路及方案实施

改进思路如下：

（1）改造进水工艺流程，进水口由加药罐顶部加水改为在加药台加水。先加药、后加水，水把药液完全冲到药罐里，利用水封原理，让破乳剂的气味不再散发到房间里。

（2）设计自动掺水、自动停水装置，设计好的装置安装在加药台和药罐之间，如图3所示。当掺水到设定液位时，掺水自动停水装置自动关闭阀门，使药罐中的药液不再溢出。

改造后的加药掺水操作：掺水前图3中阀门8、阀门7为关闭状态，阀门9为打开状态，先在加药台1加入反相破乳剂原液，然后打开水箱放空阀7，放掉控制水箱中的液体（放空后关闭阀门）。随着液位下降，浮球6下降带动旋塞阀打开，清水顺着阀门9、旋塞阀5、掺水口2加入加药口，经进药阀11进入药罐中，使药和清水混合。当药罐中的液体达到设定液位后，管线中的液体就顺着溢流管线3进入自动停水装置水箱4中，随着液位上升，浮球上升带动旋塞阀关闭，从而达到自动停水的目的（图4、图5）。

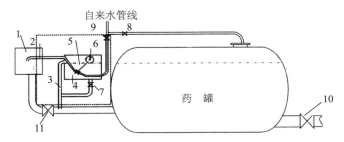

图 3　反相破乳剂自动掺水、自动停水装置示意图

1—加药口；2—掺水口；3—溢流管线；4—自动停水装置水箱；5—旋塞阀；6—浮球；7—水箱放空阀；
8—手动掺水阀门；9—自动停水装置的进水阀门；10—出药进泵阀门；11—进药阀

图 4　掺水自动停水装置控制箱

图 5　掺水自动停水装置控制箱安装位置

该项创新成果于 2014 年 10 月，由重油开发公司技师协会负责联系加工，并在重油开发公司 61 号原油处理站加药岗进行安装试用。

三、应用效果

在新疆油田公司重油开发公司 61 号原油处理站试用 2 年来，取得了很好的效果。

（1）员工在加完药后，把控制水箱水放空后便自动加水，整个掺水过程由 45min 下降为 6min，无须人工看守，由机械装置自动完成，年节约人工工时 474.5h。

（2）加药后，水从加药台掺入，把残留药液充分冲入药罐中，利用水封原理使破乳剂气味不再溢出，降低了房间内破乳剂的刺鼻药味。

（3）进水到设定液位时，机械装置自动关闭进水阀门，杜绝溢罐跑药事件。

（4）加水点改到加药口上，先加药、后加水，使药液被水完全从加药口冲到药罐内，可以保证药与清水得到很好的混合。

（5）简化了加药掺水操作步骤，步骤由以前的4步减少为目前的2步。

四、技术创新点

掺水自动停水装置，利用连通器原理，使用机械方法自动控制阀门关闭代替了人为控制加水阀门关闭的方法，大幅度缩短了员工的操作时间，目前已在新疆油田公司重油开发公司4个处理站推广使用。由于实用新型结构简单，安全可靠，成本低，此项创新成果经现场试验，取得良好效果，适用于集输站库掺水加药系统。此成果荣获集团公司2017年油气开发专业一线创新成果二等奖。

新型多功能测温取样器

孙继梅

（新疆油田采油二厂）

一、问题的提出

在原油处理生产中，每天都要将经过一系列处理合格后的原油与第三方进行计量、交接。为了解原油的密度、含水、罐温等情况，必须由双方计量人员上罐进行检尺、测温、取样操作。因此，取样器和测温盒是原油交接过程中不可缺少的器皿。

目前使用的测温盒因取样容积小，受环境温度的影响大，而且在下入油罐过程中，未到所需取样层位时原油就由底部弹簧片处流入测温盒内，无法精确代表取样层位的温度，影响计量的精准性，尤其对于非均质的原油影响更大。

计量人员取样时，一般为二人上罐操作，一人手提油样盒（内置油样瓶、棉纱、计算器），另一人拿取样器、测温盒、量油尺，为保证安全，上罐时必须一手扶扶梯缓慢上罐，稍不注意就会脱落、打滑，存在很大的安全隐患。

根据 GB/T 4756—2015《石油液体手工取样法》和 GB/T 8927—2008《石油和液体石油产品温度测量　手工法》的规定，对于非均质原油要自上而下取 6 个油样，并需用测温盒测取 6 个与取样高度相同的油位温度作为油罐的罐温，这样一来，每个油罐最少得取 12 个油样，大大增加了员工的劳动强度。

二、改进思路及方案实施

根据现场实际情况，研制出新型的多功能测温取样器，使测温与取样合二为一，只需取一个油样就能实现测温与取样的要求。在使用时，将多功能测温取样器（图 1）轻轻下入油罐内，到规定油位后，只需轻轻抖动量油尺，取样器瓶塞立即打开，使油样迅速充满取样器，稳定 10min 后，提出多功能测温取样器读取记录温度值，然后将油样倒入取样瓶内，由上至下依次进行测温取样。这样既方便又快捷，极大地降低了员工的劳动强度。

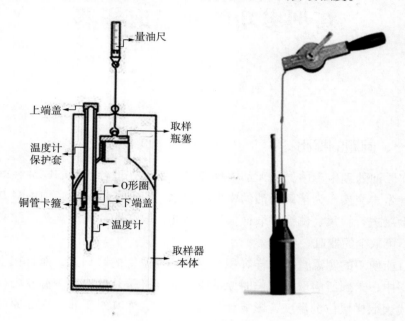

图 1 多功能测温取样器

三、应用效果

使用新型的多功能测温取样器后，使测温与取样合二为一，只需取一个油样就能实现测温与取样的要求，解决了以往不到规定油位测温盒就进油、测温与取样分开操作，造成温度值不精确、员工劳动强度大等问题，有效地降低了员工的劳动强度，降低了化验工操作时吸入石油蒸气的危险，确保了温度计量的精准性，达到了预期的目的。

四、技术创新点

该装置使测温、取样合二为一，节约了工时；该项目应用于原油动态交接时，减少了操作步骤，降低了员工的劳动强度，具有一定的推广价值。

缓冲罐携油蒸汽滤油装置

张玉华

（新疆油田风城油田作业区）

一、问题的提出

蒸汽吞吐热采方式是开发风城超稠油的主要手段。在现场生产过程中，首先向生产井注入高温、高压蒸汽，开井生产时采出的液量由管汇进入非密闭的缓冲罐，由于采出液温高汽大，部分原油随着高温蒸汽从缓冲罐顶部以雾状排出。当遇到外部冷空气时，蒸汽中的油液混合物出现凝结，油滴四处飘落，形成"飘油现象"，如图1所示。

缓冲罐"飘油现象"使罐体及周边管线、房屋附着油污，对环境造成污染，10个缓冲罐一年污染面积达 $979m^2$。在清理缓冲罐油污过程中，清理工作量大，全年共清理30次，累计消耗清洗剂128桶，消耗人工149人次，清理费用9800元/（罐·次）。因此，针对如何将蒸汽携带的雾状油滴分离出来并捕获，是现场攻关小组亟待解决的问题。

图1　现场飘油现象

二、改进思路及方案实施

（一）改进思路

通过缓冲罐罐口安装冷凝装置收集缓冲罐外排蒸汽，经冷凝计算出蒸汽含油率为 0.41%。为了减少缓冲罐"飘油现象"，降低外排蒸汽含油量，受吸油烟机的原理启发，油烟经过油网和涡轮旋转进行分离、过滤后，将油烟凝集成油滴收集到油杯，而缓冲罐携油蒸汽外排时也可以在缓冲罐出口处安装滤油装置，捕获蒸汽中的油滴。通过攻关小组共同努力，研制出多级过滤蒸汽滤油装置，本装置分为下筒体、过渡段、上壳体三部分。该装置通过法兰连接安装在缓冲罐罐顶，下筒体从罐口进入缓冲罐内部。下端采用底面密封，蒸汽从侧面滤网进汽，内部有 10 层不锈钢丝网滤芯，使蒸汽在过滤腔里停滞时间长，滤油效果好。上壳体采用不锈钢滤网、过滤球以及改性纤维球过滤蒸汽中携带的原油，不同位置采用 5 ～ 20 目等不同目数的过滤网来过滤蒸汽中含油。缓冲罐携油蒸汽滤油装置示意图如图 2 所示。

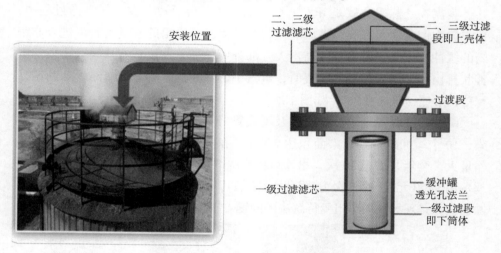

图 2　缓冲罐携油蒸汽滤油装置示意图

（二）结构原理

多级过滤蒸汽滤油装置原理如图 3 所示。

一级过滤为网板过滤。材料为 20 目组合过滤网，筛网材质为 304 不锈钢，钢丝直径为 0.5mm，网板为 2mm 六角冲孔网板。其功能为含油汽流流过过滤网，将小油滴吸附到过滤网上，附着油滴的网又加剧了吸附油的效率，油滴由小变大直至滴落流下，同时具有稳定汽流作用。

二级过滤为丝网滤芯过滤。材料为 5 目过滤网，筛网材质为 304 不锈钢，钢丝直径 0.75mm。其功能为含油汽流流过过滤网上，油汽中小油滴吸附到丝网上，油滴由小变大直至滴落流下，同时具有稳定汽流作用。

三级伞网过滤。其功能能使油汽中小油滴吸附到伞网顶端，油滴由小变大直沿斜面流下滴落，同时具有分散稳定汽流。

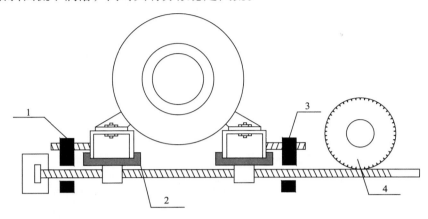

图3 多级过滤蒸汽滤油装置原理图

四级过滤为吸附球过滤。材料为塑料过滤球，具有耐酸、耐碱、耐高温、粒度均匀、坚硬耐磨、吸附截污力强。能使油汽中小油滴吸附到吸附球，油滴由小变大直至滴落，同时具有分散稳定汽流作用。

五级过滤为粗网过滤。能使油汽中小油滴吸附到粗网，油滴由小变大直至滴落，具有分散稳定汽流，限制吸附球跳动空间的作用。

六级过滤为纤维吸附球过滤。材料为改性纤维球，对油及有机物的吸附能力增强，能使油汽中小油滴吸附到纤维吸附球，油滴由小变大直至滴落。

七级过滤为活性炭滤芯过滤。材料为20目粗网过滤。能使油汽中小油滴、微小油滴吸附到粗网过滤捕油，油滴由小变大直至滴落。

八级过滤为细网过滤。能使油汽中小油滴，微小油滴吸附到细网过滤捕油，油滴由小变大直至滴落。

（三）方案实施

在风城采油二站23号转油站井进行了现场安装试验，如图4、图5、图6、图7所示。

现场试验记录见表1。

图 4 安装丝网滤芯　　　　图 5 安装吸附球　　　　图 6 安装改性纤维球

图 7 23 号站安装试验

表 1 多级过滤蒸汽滤油装置现场试验记录表

测试日期	测试时间（h）	冷凝液总重量（kg/h）	冷凝液总含油量（kg/h）	冷凝液综合含油率（%）
2016.9.20	1	690	0.28	0.041
2016.9.21	1	985	0.38	0.039
2016.9.22	1	785	0.31	0.04
平均	1	820	0.32	0.04

三、应用效果

风城油田作业区在采油一站、采油二站、采油三站 50 个缓冲罐进行安装滤油装置，各站抽出 5 个缓冲罐并作了统计（表 2）。

表 2 稠油缓冲罐滤油装置安装记录表

安装地点	测试时间（h）	冷凝液总量（kg/h）	冷凝液总含油量（kg/h）	冷凝液含油率（%）
采油一站	1	690	0.28	0.041
	1	350	0.25	0.071
	1	620	0.25	0.040
	1	610	0.24	0.039
	1	580	0.22	0.038

安装地点	测试时间（h）	冷凝液总量（kg/h）	冷凝液总含油量（kg/h）	冷凝液含油率（%）
采油二站	1	695	0.36	0.052
	1	650	0.3	0.046
	1	950	0.41	0.043
	1	980	0.22	0.022
	1	1020	0.41	0.040
采油三站	1	560	0.25	0.045
	1	612	0.22	0.036
	1	633	0.22	0.035
	1	468	0.15	0.032
	1	475	0.16	0.034
平均		660	0.26	0.04

安装后污染检查情况如图 8 所示，使用改性纤维球一周后对比如图 9 所示。

图 8 污染对比图

图 9 改性纤维球使用一周后对比图

研制缓冲罐携油蒸汽滤油装置，蒸汽含油率降低到 0.04%。

（一）经济效益

使用该装置前：缓冲罐每年每个单罐按擦洗 3 次计算，每次擦洗的费用为 1 万元，每年每个缓冲罐的擦洗费用为 3 万元 / 年。目前共安装 50 套，每年共节约费用 50 套 ×3 万元 = 150（万元）。

使用该装置后：每罐一年防止原油散失 37.23t，原油价格按照 1036 元 /t，每罐增加原油价值 37.23×1036 = 3.86（万元）。安装 50 套，原油产生价值为 50×3.86 万元 = 193（万元）。

节约擦洗费用及回收原油：150 万元 +193 万元 = 343（万元）。

成本：每套装置加工及材料费成本是 3 万元，50 套为 150 万元。

净效益：343 万元 −150 万元 = 193（万元）。

（二）社会效益

（1）该缓冲罐携油蒸汽滤油装置避免了"飘油现象"对周围环境造成的污染问题，消除了环保法律风险。

（2）消除了因清理污染而产生的高处作业风险，避免了因清理污染而产生的含油棉纱（危废）处置问题。

（3）通过使用缓冲罐滤油装置，成功解决了现场难题，对现场生产有着重要的推广价值和应用前景。自 2016 年以来，已在风城油田作业区规模推广。

四、技术创新点

该装置下筒采用底面密封，蒸汽从侧面滤网进汽，上壳体采用不锈钢滤网、过滤球以及改性纤维球过滤蒸汽中携带的原油，不同位置采用 5 ～ 20 目等不同目数的过滤网来过滤蒸汽中小油滴。

重庆气矿天然气管道周边施工现场视频监控系统的应用

甘代福　宋　伟　游春丽

（西南油气田重庆气矿）

一、问题的提出

重庆气矿所辖天然气集输管线主要分布于川渝两地 24 个区县，具有压力高、线路长、分布广、所处地形地貌复杂等特点，加上地区经济快速发展导致天然气管道周边的城镇建设施工项目不断增多，管道运行风险越来越高。

（1）第三方破坏已成为管道停运的主要原因。

据统计，重庆气矿 2010—2015 年共发生管道失效事件 37 次，其中由第三方破坏引起的停运共 10 次，占停运次数的 27%，造成直接经济损失约 500 万元。第三方施工破坏已成为管道失效的主要原因之一，影响了管道的安全运行。

（2）管道周边建设施工多。

由于地区经济快速发展导致天然气管道周边的城镇建设施工项目不断增多，每月气矿所辖管线需要重点监控的施工点约 140 余处，管道运行风险高，监控工作量大。

（3）人工巡检已无法满足施工点管线的安全运行要求。

目前对施工点的监控主要依靠巡管人员的每日值守，但这种方式存在时间上的死角，无法做到实时监控，不能适应大型机械快速施工的实际情况。而靠雇佣专人进行值守则会产生较高的费用，且雇佣人员能力与素质参差不齐，培训难以开展，值守效果难以确保。

综上所述，我们迫切需要开发一套监控系统对管线周边施工作业情况进行实时监控，作为对管道巡检工作技术上的补充，达到"技防加人防"监控管道的目的，确保施工点附近管道的安全运行。

二、改进思路及方案实施

（一）系统组成

管道视频监控系统组成：4G枪式摄像机、立杆、云端服务器、感应线、感应线触发装置、报警器和对讲设备。无线视频监控系统是一种简单易用的小型远程数字监控系统，与网络摄像机配套使用，采用有线或无线方式连接网络，不需要额外配置专用计算机和采集录像等设备。用户可采用手机或计算机作为监控终端设备，随时随地接收报警信息和查看监控视频。

随着社会的进步，科技水平不断提高，利用视频监控技术手段对天然气管道周边的重点施工工地进行监控，可以大大减轻管道保护工作强度，提高工作效率，增强对管线的监控力度，为减少管线被第三方破坏事故的发生提供了有力的保障。

管道视频监控拓扑图如图1所示。

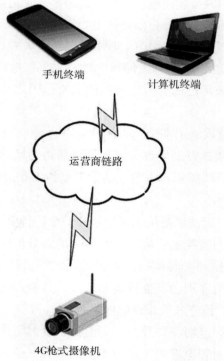

手机终端　　　计算机终端

运营商链路

4G枪式摄像机

图1　管道视频监控拓扑图

（二）工作原理

　　管理者只需在管线周边重点施工段安装带无线传输功能的摄像头，通过摄像头实时监控管线周边情况，将信息通过 3G/4G 无线网络传输至服务器，管理人员就可以通过手机或计算机上网查看管线周边情况。视频监控还可以设置报警功能，当有大型设备进入管线区域时，系统自动向管理者推送预警信息和图像提醒管理者，达到提前预警的目的，同时现场摄像头还可增加存储功能，用于记录破坏证据。

（三）实现功能

　　（1）24h 实时监控功能。可以通过手机 APP、计算机客户端和计算机网页实时查看现场情况（图 2、图 3、图 4）。

图 2　计算机客户端登录画面

图 3　网页版登录画面

图 4　手机 APP 登录画面

（2）视频存储功能。现场可提供 72h 视频存储功能，云端服务器提供一个月的视频存储功能。

（3）灵活实用，系统操作简单。管理者可通过计算机浏览器或手机客户端随时观看现场情况，通过改变摄像头位置即可随时更换监控地点。设备简单，只需带无线传输功能的摄像头、立杆（野外需要）、云端服务器，通过无线网络传输即可实现现场监控。

（4）入侵报警功能。在管线 5m 范围处安装红外线或感应线触发装置，当有施工进入管道保护 5m 范围内时就会触发入侵报警，通过软件设置的抓拍功能抓拍现场图像传送至手机 APP 和计算机客户端，实现提前预警，而人员并不需要实时监控（图 5、图 6、图 7）。

图 5　感应线埋设图

图 6　带红外线和太阳能报警的视频监控现场安装图

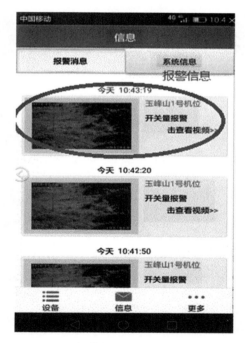

图 7　报警信息推送至手机 APP

（5）现场铃声报警和现场对讲功能。由于施工点大多离管理机构较远，当有施工进入管道区域时，虽然能发现报警，但没法及时制止。针对这一情况，我们在现场安装了报警器和对讲设备，当有入侵时，就会触发现场报警铃声，同时可以用手机 APP 与现场对话进行制止（图 8、图 9）。

图 8　报警器现场安装图

图 9　手机 APP 现场对讲功能图

目前，管道视频监控系统的功能基本能满足各类现场的施工要求，提高了管道保护质量，降低了运行风险，节约了监控成本。

三、应用效果

通过现场调研，确定旱白线的玉峰山镇龙井八社的新建废品堆放场施工点和新峡渝线西彭工业园区三环路北延伸段施工点作为管道周边施工现场视频监控的应用试点。

（一）旱白线玉峰山镇龙井八社的新建废品堆放场施工点

旱白线是为川渝管网调峰供气渡两线与渡两复线的连接输气管道，起于已建渡两线旱土站，沿渝邻高速敷设后止于渡两复线白果树阀室。管径 426mm×8mm，全长 4.3km，设计输量 $400×10^4m^3/d$，设计压力 6MPa，目前输量 $200×10^4m^3/d$，运行压力 3.7MPa。

重庆三北报废汽车回收有限责任公司准备在此处新建废品堆放场，可能会在旱白线输气管线上方堆土和占压管道，距离输气管线 7m。

现场施工照片如图 10 所示。

图 10　玉峰山监控点现场图

由于该施工区域涉及管线约 400m，整个区域内设置 3 台监控摄像机，对堆渣情况进行监控。考虑到堆渣坡移观测较为困难，在坡底安置一定数量的标志桩，一旦发现标志物被推移，即可起到监控效果。

监测点位安置如图 11、图 12 所示。

图 11　玉峰山监控点 1 号机现场安装位置图

图 12　玉峰山监控点 2、3 号机现场安装位置图

（二）新峡渝线西彭工业园区三环路北延伸段施工点

新峡渝线起于西彭站，止于九宫庙站。管径 457mm×11.9（5.6）mm，全长 32.3km，设计输量 280×10⁴m³/d，设计压力 1.6MPa，目前输量 95.5×10⁴m³/d，运行压力 1.02MPa。

该施工点位于重庆市西彭工业园三环路北延伸段，可能会在新峡渝线管线周边取土和施工碾压管线，涉及管线 1000m 左右。

现场为道路施工点，施工现场如图 13 所示。

图 13　西彭工业园区监控点现场图

由于现场穿越点较多，施工区域广，为确保监控效果，现场设置了 5 台监控摄像机对 3 处穿越点进行监控。

第一处穿越点设计监控示意图如图 14 所示。

图 14　西彭工业园区监控点 1、2、3 号机现场安装位置图

第一处穿越点安装 3 个摄像机，第一个摄像机监测道路入口方向与输气管道之间的区域，避免大型机械碾压管道；第二个摄像机监测施工路段与输

气管道的间隔区域，避免堆放物料和机械设备停放碾压管道；最后一个摄像机主要监测道路与输气管道穿越点的情况，避免施工造成管道损坏。

第二处穿越点设计监控示意图如图 15 所示。

图 15 西彭工业园区监控点 4 号机现场安装位置图

第二处穿越点安装 1 台摄像机，主要监测道路与输气管道穿越点的情况，避免施工造成管道损坏。

第三处穿越点设计监控示意图如图 16 所示。

图 16 西彭工业园区监控点 5 号机现场安装位置图

第三处穿越点安装 1 台摄像机，主要监测道路与输气管道穿越点的情况，避免施工造成管道损坏。

在试运行中，保障了管线周边施工全程跟踪可控，并及时制止了第三方施工异常情况 10 余次，确保了各施工点无越界施工。例如，2016 年 3 月 2 日，西彭工业园区 4 号机报警，发现有大型挖掘机进入管线区域施工作业，看到报警后查看实时图像，发现有挖掘机在管线上方堆土，巡管工及时对其进行了制止（图 17、图 18）。

图 17　2016 年 3 月 2 日西彭工业园区 4 号机报警发现挖掘机入侵管线区域作业

图 18　2016 年 3 月 2 日西彭工业园区挖掘机入侵作业被制止后离开

四、技术创新点

（1）管道视频监控系统可用于对施工碾压管道、管线周边取土、管线上方堆土、管线穿越、管线周边平场等各类施工区域的监控。

（2）该系统可通过计算机、手机客户端随时获取管线周边施工情况；第三方施工进入管线保护区域时，能及时推送预警信息进行风险提示；语音对讲与现场语音报警功能可及时制止第三方破坏。

（3）与传统的安防视频监控相比，除了 24h 实时监控的各项功能外，还具有入侵报警信息推送和现场语音对话，现场语言提示报警，红外线、感应线辅助报警等多项独特功能。

（4）管理上，管道视频监控系统的应用与专人值守相比，费用仅为专人值守的 1/3，大大节约了管道管理成本，且相比人工巡检更有保障，目前该成果已经推广至重庆气矿所有作业区。

输气站场 ESD 系统备用电源无缝切换技术及电磁阀直流电压测试系统的改进

毛学彬　刘力升　罗　佳

（西南油气田输气管理处）

一、问题的提出

目前输气站及部分经过工艺改造的站场均已安装了 ESD 系统，输气站场 ESD 系统通过供电系统向现场执行机构电磁阀供电，ESD 系统中电磁阀的额定工作电压为直流电压 24V，设计原则为故障安全性。因此，正常情况下为励磁，即得电状态，阀门无动作；故障情况下为非励磁，即失电状态，干线阀门关闭，放空阀打开。因此，电磁阀直流电压的运行情况直接影响到阀门的动作，是 ESD 系统正常运行的重要指标。

因现阶段输气站场 ESD 系统的供电系统比较单一，多采用串联设计，没有冗余配置，一旦供电系统出现故障，ESD 系统就会出现误动作，导致干线进出站球阀及站内放空阀异常动作，从而导致 ESD 系统不能充分发挥其作用，进而影响整个输气管网的正常运行，甚至会导致严重的安全事故和环境污染事故发生。同时，ESD 系统电磁阀的直流电压只能通过手动打开接线盒，用万用表进行测试。

无法实时对 ESD 系统的运行情况进行实时监测。现阶段多次出现输气站场 ESD 系统由于电压偏低造成的误动作事件发生。

二、改进思路及方案实施

针对上述输气站场 ESD 系统无法实时监测其运行情况等问题，结合输气站场现有 SCADA 系统，研发出一套适用于输气站场 ESD 系统的直流电压测试系统。其主体改造思路和方案如下：该系统主要以 SCADA 系统为基础，由主控模块、AI 信息采集模块、直流电压采集模块、直流电压切换开关、数据采集通道、A/D 转换模块、实时钟芯片、ESD 系统专用供电电源等单元组成。

该 ESD 系统直流电压测试系统数据显示由现场执行机构数据显示和站控计算机数据显示组成。

（1）现场数据显示：直流电压采集模块是由隔离放大器和数字化显示仪表组成，将 0～24V 直流工作电压的模拟信号通过隔离放大变送，转换成精度一致、线性度匹配的数字信号，通过数字化显示仪表进行显示。

测量现场执行机构 ESD 电磁阀工作电压时，外加自控系统外部电源，通过 5/6 号接线端接入直流电压采集模块，作为工作电压；通过 1/2 接线端接入执行机构 ESD 功能电磁阀正负端，作为测试电压输入端；通过输入电路、A／D 转换、隔离放大等，转换为精度一致、线性度匹配的数字信号，通过数字化显示仪表对 ESD 系统电磁阀工作电压进行显示。

（2）站控计算机数据显示：以目前输气站场的 SCADA 系统为基础，将现场 0～24V 直流工作电压的模拟信号转换成 4～20mA 标准电流值信号，通过数据采集通道进行数据实时采集和上传至 AI 信息采集模块，然后数据信号通过主控模块的组态编程实现上位机数据的实时显示、报警限值设置、历史数据查询和控制输出等功能。

直流电压采集模块通过 11/12 接线端将现场 0～24V 直流工作电压的模拟信号转换成 4～20mA 标准电流值信号，通过数据采集通道，然后经过模拟量浪涌保护器、隔离器进行信号避雷和隔离处理后，传输到 AI 信息采集模块进行数据采集。主控模块进行组态编程，然后对测试数据进行处理和分析，并且实现主控模块冗余配置。通过以太网上位机与下位机通信，实现测试数据在站控计算机的实时显示、ESD 系统工作电压报警限值的设置、历史数据查询和控制输出等功能（图 1、图 2）。

（3）ESD 系统供电电源通过直流电压切换开关和继电器逻辑关系为直流电压采集模块和现场执行机构 ESD 系统电磁阀供电，且互为冗余。

针对目前输气站场 ESD 系统供电系统比较单一、没有冗余配置的问题，为了提高 ESD 系统的稳定性和可靠性，提出了一套输气站场 ESD 系统供电电源冗余设计方案，其主要改造思路为：整个 ESD 系统联锁回路由 24V 直流电源提供供电，配置双回路交流电源和交流电源切换开关为 ESD 系统提供两路互为冗余的 220V 交流，同时也配置双回路直流电源和直流电源切换开关为设备提供稳定的 24V 电源。

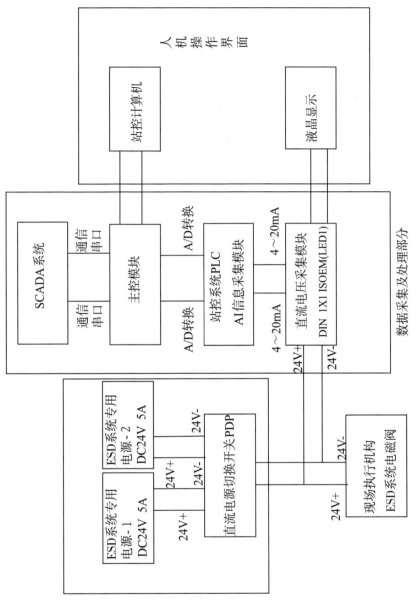

图 1 直流电压测试系统结构图

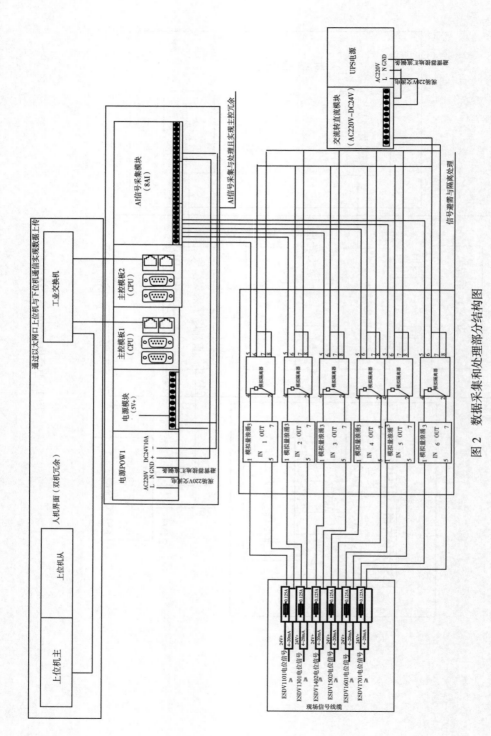

图 2　数据采集和处理部分结构图

对 ESD 系统的供电改造方案如下：2 路 220V AC 电源由独立的两台小型号 UPS 提供，与自控系统 UPS 脱离，两路 220V AC 电源分别接入交流 220V 切换开关，切换时间≤5ms。两路 220V 交流电源转换为两路 24V 直流电源，然后通过开关电源输出端再接入直流电源切换开关，切换开关通过负载均衡的方式向 ESD 系统设备供电，切换时间≤5ms（图 3 ）。

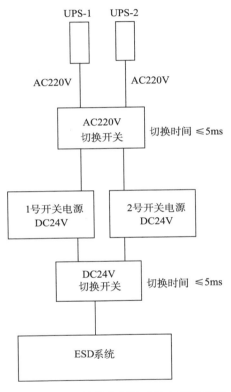

图 3　ESD 系统供电回路改造方案示意图

三、应用效果

通过开展上述工作，项目组研发出一套各个输气站场可以通用的 ESD 供电系统的冗余设计方案和 ESD 电磁阀直流电压测试系统设计方案。完成了江津输气总站 ESD 系统的技术改造，得到了 ESD 系统改造后的性能测试报告，实现了对输气站 ESD 系统的冗余设置。经过两年多的试运行，效果良好，切实有效地提高了输气站站场 ESD 系统的稳定性。同时本研究项目也取得以下三方面的研究成果：

（1）解决了目前输气站场 ESD 系统的供电系统比较单一，多采用串联设计，没有冗余配置，一旦供电系统出现故障，ESD 系统就会出现误动作，导致干线进出站球阀及站内放空阀动作，从而导致 ESD 系统不能充分发挥其作用，进而影响整个输气管网的正常运行，甚至会导致严重的安全事故和环境污染事故发生等问题。

（2）实现了输气站场 ESD 系统运行情况的实时监控，实现了输气站场 ESD 系统隐性运行情况的显性化，也便于站场值班员工对 ESD 系统进行日常巡检和监控，有效地提高了 ESD 系统的稳定性和可靠性，同时也为作业区下一步的 ESD 系统运行维护工作提供了真实可靠的现场数据，提升了输气站场 ESD 系统的应用和管理水平。

（3）该成果改造方案改造费用较低，改造工作量简单，不仅能节约投资，还能有效提高设备安全可靠性，也可以减少因设备故障造成 ESD 系统误动作导致的经济损失，适用于各个输气站场 ESD 系统，具有推广价值。

四、技术创新点

（1）以输气站场的自控系统为基础，研发一种专门针对输气站场 ESD 系统直流电压的测试系统，可以实现实时监测输气站场 ESD 系统运行情况，实现输气站场 ESD 系统直流电压数据的自动采集存储、在线实时显示和报警提示等功能。该系统为国内首创，已获得一项国家实用新型专利，专利号为 ZL201620882102.5。

（2）通过直流电压切换开关和继电器逻辑关系形成了一种输气站场 ESD 系统供电电源设计方案，输气站场 ESD 系统具有了独立的供电电源，且互为冗余配置，有效地提高了 ESD 系统的稳定性和可靠性。

（3）通过输气站场 ESD 系统直流电压测试系统对 ESD 系统直流电压数据的自动采集存储、处理和分析，可以科学地评价 ESD 系统的运行情况。

放空火炬点火装置的改进

龙俨丽　徐　立　艾天敬

（西南油气田重庆气矿）

一、问题的提出

放空火炬系统主要用于排放、燃烧生产装置在事故状态下排出的可燃气体和生产装置开、停车时排放的可燃气体。放空火炬系统主要包括火炬本体、地面工艺管线、自动点火系统和应急备用系统。火炬本体由火炬头、火炬筒体（包括扶梯及检修平台）、火炬点火管线和电磁阀等组成。

高架火炬点火系统绝大部分采用高空点火方式。通过对重庆气矿生产站场放空系统的隐患排查，放空系统主要故障类别有点火系统故障、设备本体锈蚀、拉线锈蚀缺失、火炬安全距离不够、工艺不完善等，其中点火系统故障占 28%。

放空点火系统长期处于高温、腐蚀性环境中，故障多发于火炬使用投产 3～4 年后。在电子点火系统故障后，点火装置位于放空火炬顶部，维护风险高；地面使用魔术弹点火存在安全隐患。

检维修点火系统多采用搭建脚手架的方式，进行高空作业。由于部分火炬无配套的设施和作业平台，即便放空火炬拥有简易爬梯，因腐蚀情况不明不能攀登，造成火炬顶部点火系统维护困难。

二、改进思路及方案实施

石油天然气行业放空火炬采用固定点火方式。这种点火方式由于将点火枪直接固定安装在火炬头燃烧部位，直接参与放空燃烧，并长期处于高温、腐蚀等恶劣环境下工作，导致点火装置使用寿命短，更换点火装置与维护工作极其不方便，且高空维护作业时伴有较高的安全隐患。

通过设置放空火炬点火装置可解决点火及维护困难的问题。放空火炬点火装置包括可控电动机、减速机、盘绳轮、直线升降机构、滑轮导向机构、高压点火枪、高压电缆及金属软管等。可控电动机、直线升降机构、滑轮导向机构设置在升降系统中，可控电动机通过直线升降机构连接滑轮导向机构。可控电动机接受电气控制箱的命令进行工作，金属软管盘置在移动滑轮机构上，随移动滑轮机构的伸缩而滑动盘绕，电缆导向机构夹持金属软管贴合移动滑轮机构工作，金属软管一端连接电气控制箱，另一端通过高压点火电缆连接高压点火枪进行点火（图1）。

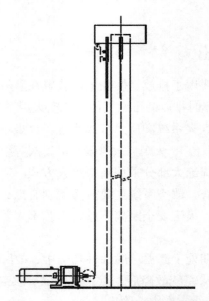

图1　放空火炬点火装置结构示意图

电缆导向机构的一端设有两个通孔，金属软管的两端分别通过两个通孔连接电气控制箱以及高压点火棒。电缆导向机构的另一端连接微型直流电动机，实现直线升降。

采用一体式防爆紫外监控探头控制系统监测火炬燃烧状况，随时可进行自动点火。自动点火系统实现现场手动、全自动点火及RTU远程点火功能，能及时、可靠地对火炬系统进行点火，点火成功率100%。采用数字化电子限位等技术，通过PLC可编程控制器确保点火系统运行可靠。

现有的放空火炬引燃配气装置因配气的开孔较大，引进风太大，极易造成在高空被风吹散、吹灭可燃气体，造成点火失败，而配气的开孔较小又很难引燃气体。同时，引燃配气装置的配气喷嘴竖直向上设置，当可燃气体喷出待燃时，所携带的泥沙、高硫杂质、水分在降落时容易将配气喷嘴堵死，造成引燃气体无法喷出，久而久之造成堵塞现象，下次工作时，已经完全不能将引燃气体喷出，造成点火失败。由于引燃配气装置位于高空位置，安装和维护的工作难度较大，费时费工，且安全问题突出。

防堵塞式引火燃烧器（图2）在引火管中设置有若干个分别与配气支管连接的配气喷嘴，且配气喷嘴采用竖直向上呈90°弯折的结构，配气喷嘴的气体喷出口端连接有遮挡在配气喷嘴上方的伞形挡板。通过在配气喷嘴的下方设置配气孔，既保证了配气量充分，同时又解决了因风大而造成引燃困难的问题。配气喷嘴的上方设置有伞形挡板，通过伞形挡板对配气喷嘴形成遮挡，风不直接吹在喷嘴处，保证引燃气体的混合燃烧更加可靠，同时通过伞形挡板的遮挡，可燃气体喷出时带出的泥沙、高硫杂质、水分等不会落在喷嘴处，确保引燃气体可靠地被点火枪点燃。

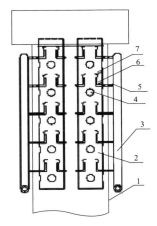

图2 防堵塞式引火燃烧器

1—火炬筒体；2—引火管；3—配气管；4—配气孔；5—配气支管；6—配气喷嘴；7—伞形挡板

三、应用效果

放空火炬点火装置在重庆气矿天东90井成功安装，并持续开展现场试验（图3），已现场试验50余次。试验结果表明，放空火炬点火装置即使在大雨、大风等恶劣环境下点火稳定性仍然较好，点火可靠。天东90井放空介质中含有大量的液体水，该火炬即使在放空介质含大量液态水的情况下依然能正常燃烧，点火装置性能稳定可靠。

放空火炬引火燃烧器增设了防堵塞功能，增强了点火装置的稳定可靠性；

点火装置可降至火炬底部，即使放空火炬出现点火故障，也能在地面进行维护维修，避免了高空作业，降低了作业安全风险。

放空火炬点火装置避免了因点火系统故障依托魔术弹点火存在的安全隐患，降低了管理风险，同时提高了点火的安全性。

使用放空火炬点火装置后，点火装置寿命延长，点火可靠性增强，减少了高空作业费用，预计单台火炬约节约维护费 20 万元。

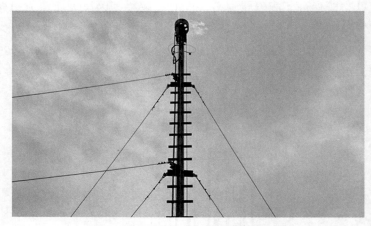

图 3　天东 90 井放空火炬点火装置放空点火

四、技术创新点

相比于现有点火装置，放空火炬点火装置以电动升降式点火枪进行自动点火，在点火成功以后自动回缩到指定安全位置，从而提高了使用寿命，并且安装维护方便；防堵塞式引火燃烧器能有效避免堵塞问题。优化后的放空火炬具有安全性高、监控可靠、体积小、重量轻、操作简单、升降距离大、点火位置可调、点火效率高、使用寿命长、实用性好、市场推广前景好的特点，该装置适合在低、高含硫，气液分离不充分的放空作业场所使用。

柱塞泵填料总成压紧法兰取出器

刘建林　张创国　陈海林

（大港油田第六采油厂）

一、问题的提出

柱塞泵由于液力端振动大，工况恶劣，经常出现各种各样的故障。在维修更换柱塞和吸液弹簧座过程中，需要拆卸或拆松填料总成压紧法兰。

填料总成压紧法兰属柱塞泵液力端部件，需承受高压液体的作用，因此与泵体等周围部件接触紧密，间隙小，且由于长时间与液体接触导致接触部位腐蚀生锈，在维修过程中取出压紧法兰十分困难。

柱塞泵在设计时考虑到了这一点，压紧法兰上配备两条顶丝。但是顶丝较细，强度不够，两根顶丝难以保证对称均匀取出压紧法兰。

二、改进思路及方案实施

研制了填料总成压紧法兰取出器，结构如图1所示。

柱塞泵填料总成压紧法兰结构：顶丝与顶丝座由细螺纹连接，顶丝座为四爪形，顶丝座的厚度比填料总成薄，顶板与顶丝前端的尖顶接触，定位螺钉顶在顶丝的防脱槽内，顶板可收回至顶丝座内。使用时，卸下填料压紧法兰螺栓，取出填料总成。逆时针方向转动顶丝将顶板收回嵌入顶丝座，将填料总成压紧法兰取出器放入压紧法兰内侧，转动定位板45°使顶丝座四爪与压紧法兰四爪重合，顺时针拧紧顶丝，使顶板顶到吸液弹簧座上，继续拧紧顶丝将填料总成压紧法兰均匀顶出。

该取出器解决了以下问题：

（1）降低了柱塞泵维修过程中填料总成压紧法兰的拆卸难度，减少了拆卸时间，使维修非常便利、快捷。

（2）使用该工具进行填料总成压紧法兰取出操作，代替了原有的顶丝，取出操作更快捷，更省力。

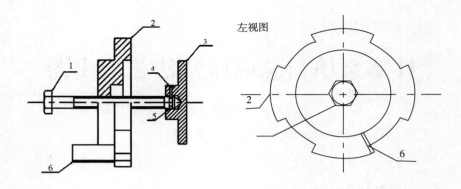

图 1 填料总成压紧法兰取出器结构示意图

1—顶丝；2—顶丝座；3—顶板；4—定位螺钉；5—防脱槽；6—定位板

三、应用效果

填料总成压紧法兰取出器结构简单、使用方便，该装置代替原来的顶丝，省时省力，将原来两人 20～30min 的拆卸过程，减少到现在的一人 2～3min 就能完成。该工具适用于大型柱塞泵填料总成压紧法兰的拆卸，大范围推广后可提高工作效率 6～10 倍。自 2013 年至今，柱塞泵填料总成压紧法兰取出器在大港油田采油二厂、四厂、五厂、六厂注水泵站应用，取得了很好的效果，有着较好的经济效益和社会效益。

（一）经济效益

2013 年来在用 280 台柱塞泵，按照每年每根柱塞维修一次，维修拆卸 5600 次，节约人工成本 28 万元。

经济效益计算依据：人工成本：常规拆卸填料总成压紧法兰操作需 2 人耗时 20～30min 方可完成，使用柱塞泵填料总成压紧法兰取出器只需 1 人，用时 2～3min 便完成。在用 280 台柱塞泵，节约人工 5600h，按每小时人工成本 50 元计算，节约人工成本 28 万元。

（二）社会效益

柱塞泵填料总成压紧法兰取出器成本低、操作简单安全，覆盖所有柱塞泵填料总成压紧法兰的拆卸作业，具有极其广泛的推广价值和应用价值。

四、技术创新点

研制了柱塞泵填料总成压紧法兰取出器，首创了顶丝与顶板的配合，该装置代替了原来的顶丝。该项研究成果获得国家实用新型专利，专利号 ZL 2013 2 0112334.9。

注水泵电动机和动力箱温度远程监测

姜　宏　褚海威　南嘉雪

（青海油田采油三厂）

一、问题的提出

青海油田采油三厂现有注水站 3 个，活塞式注水泵 18 台，配套电动机 220kW。目前注水站的注水泵电动机和泵动力箱温度未安装在线监测设施。员工在现场监测电动机和泵动力箱温度时还是采用原始的人工检查法。巡检时主要以手感方式和便携式红外温度探测仪进行测温，若有漏电现象，很有可能发生触电事故。针对员工劳动强度大、安全系数低的问题，采油三厂技术人员对狮子沟注水站实施技术改进，对每台注水泵温度监测点加装贴片式热电阻，将信号传送至 PLC 控制器，同时在值班室上位机实时显示和报警，从而提高了员工的人身安全和设备运行安全系数。

二、改进思路及方案实施

根据生产实际情况，利用现有设备，自行设计对注水泵和泵动力箱安装了远程监测装置。首选在狮子沟注水站的 3 台注水泵上实施温度监测技术改造。具体工作内容为：注水泵温度监测点加装贴片式热电阻，热电阻引线穿入黄蜡管进行保护，之后穿入防爆接线盒内接线端子（热电阻、引线和接线盒都是用强力胶固定在设备表面），由信号线缆将信号传送至 PLC 控制器的热电阻模块，通过系统组态后在值班室上位机上实现实时显示、报警、历史查询等功能。现场应用效果图如图 1 所示。

三、应用效果

自从对注水泵进行了温度监测技术改造后，设备投入正常，运行状况良好；可随时进行监测、故障报警和历史信息查询，避免了人为因素造成的安全风险，为单位节约了成本，减轻了员工的劳动强度。该技术改造可在油田注水站内广泛推广应用。

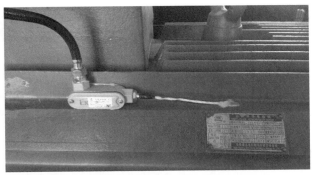

图 1　现场效果图

四、技术创新点

在注水泵温度监测点处加装贴片式热电阻，热电阻引线穿入黄蜡管，之后穿入防爆接线盒内接线端子，由信号线缆将信号传送至 PLC 控制器的热电阻模块，通过系统组态后在值班室上位机上实现实时显示、报警、历史查询功能。

集输加热炉远程自动控制研究与应用

姜　宏　南嘉雪　姜良升

（青海油田采油三厂）

一、问题的提出

随着自动化技术的不断发展，对自动化的需求越来越多，生产过程数据监控已成为生产过程不可缺少的环节。青海油田采油三厂分管七个泉、花土沟等 4 个采油区块和花土沟联合站数据监控。现有加热炉 70 台，燃烧器用单片机程控器控制，加热炉燃烧器火焰状态在中控室内监测，员工在值班室内远程监控油井、注水井的生产情况，对站外加热炉的运行情况只能通过巡检完成监测，增加了员工的劳动强度，在安全生产方面存在着隐患。青海油田采油三厂采油区块的加热炉采用燃烧器是由单片机现场控制方式运行的。若燃烧器因故障停炉，造成故障原因不能在燃烧器面板上显示，需员工以巡检方式逐一进行排除，造成原油外输温度降低，管线压力升高，影响原油外输。因单片机控制的燃烧器故障率太高，需要一种具有远程监控功能和高可靠性、高智能程度的燃烧器来代替现有的单片机控制的燃烧器。

二、改进思路及方案实施

针对存在的问题，对加热炉燃烧器的电路及点火原理进行研究，对加热炉燃烧的单片机程控器控制进行改进，由加热炉燃烧的单片机程控器控制转换成 PLC 控制，在加热炉加装小型 PLC，可远程监控加热炉温度、压力、液位，对燃烧器实现自动控制，实现了远程监控功能。

（一）改进思路

设计、绘制控制柜内部安装布线图，将加热炉原来的温控箱改为 PLC 控制柜。控制柜内部主要构成有 PLC 控制模块、通信模块、模拟量输入 / 输出模块、继电器、电源模块、接线端子及熔断器等，如图 1 所示。

图 1　控制柜内部安装布线图

设计过程中将原有的西门子单片机及其电路板去除，其余设备保留。在控制柜上面安装一块触摸屏，经组态设计后具有显示炉子燃烧状态、报警显示、现场参数设定的功能。将 PLC 通信模块用网线连接到仪表间交换机内，在计算机上安装力控组态软件组态，员工可在值班室实现加热炉远程监控。

PLC 在油田的应用十分普遍，对 PLC 运用技术十分熟悉。经过两年多的工作经验积累，熟知燃烧器的工作原理，经查阅相关资料，多方论证，最终采用西门子 S7-200PLC 作为改造加热炉的硬件设备。

（二）主要研究内容

（1）加热炉工作原理。对加热炉结构、燃烧器工作原理、燃烧器单片机电路等进行分析研究，已全面掌握改造工序。

（2）PLC 硬件、软件研究。开展 PLC 选型、PLC 程序编制、上位机组态软件开发等研究工作。

（3）远程控制。包括远程网络组网、客户机程序组态、绘制流程图与数据库组态等内容。

（三）关键技术

（1）加热炉燃烧器单片机电路分析。

（2）PLC 编程，上位机组态软件开发。

（3）远程控制。

（4）数据库组态。

（四）主要工作

研究开发主要工作包括现场设备安装、PLC 编程设计、组态软件开发、现场布线及接线等。

（五）改造设计方案

1. 系统组成

燃烧器系统主要由 PLC（可编程逻辑控制器）、检测传感器（温度、压力、液位）、天然气控制阀（电磁阀）、空气供给装置（风机）、空气检查装置（风压开关）、燃烧室和点火装置、火焰检查装置（火焰探针）与燃气及空气控制装置（伺服电动机）。系统利用热电阻测得炉内温度值，输入可编程控制器。可编程控制器把输入信号与给定值比较，根据比较结果进行逻辑运算，再将运算结果经 D/A（数 / 模）转换，向燃烧器发出点火、停炉及大小火转化等控制指令。

控制柜上的触摸屏用于设定温度上、下限值，并以数字实时显示所需的各类参数，如图 2 至图 4 所示。

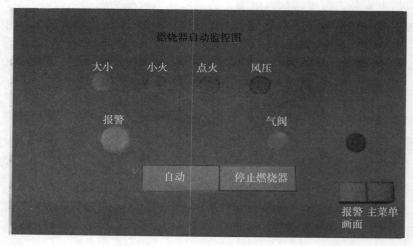

图 2　触摸屏主画面

2. 系统的硬件设计

根据需求选用了 S7-224-CN、EM231 、CP243-1，本机集成 14 输入 /10 输出共 24 个数字量 I/O 点。可连接 7 个扩展模块，最大扩展至 168 路数字量 I/O 点或 35 路模拟量 I/O 点；16K 字节程序和数据存储空间；6 个独立的 30kHz 高速计数器，2 路独立的 20kHz 高速脉冲输出，具有 PID 控制器；1 个

RS485 通信 / 编程口，具有 PPI 通信协议、MPI 通信协议和自由方式通信能力；I/O 端子排可很容易地整体拆卸，是具有较强控制能力的控制器。

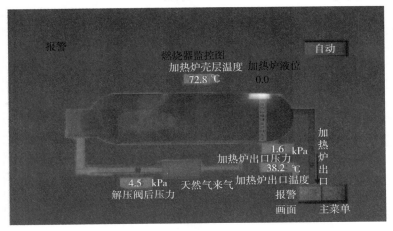

图 3　触摸屏启动流程监控图

图 4　触摸屏温度设定画面

模拟量扩展模块提供了模拟量输入 / 输出的功能，可适用于复杂的控制场合，直接与传感器和执行器相连，12 位的分辨率和多种输入 / 输出范围能够不用外加放大器而与传感器和执行器直接相连。

3. 系统功能实现

PLC 改造后的燃烧器控制系统具有的主要功能有炉膛自动吹扫及合理配风、自动点火和灭火、炉内温度控制、炉膛安全检测以及数据远传等功能。燃烧器控制系统如图 5 所示。

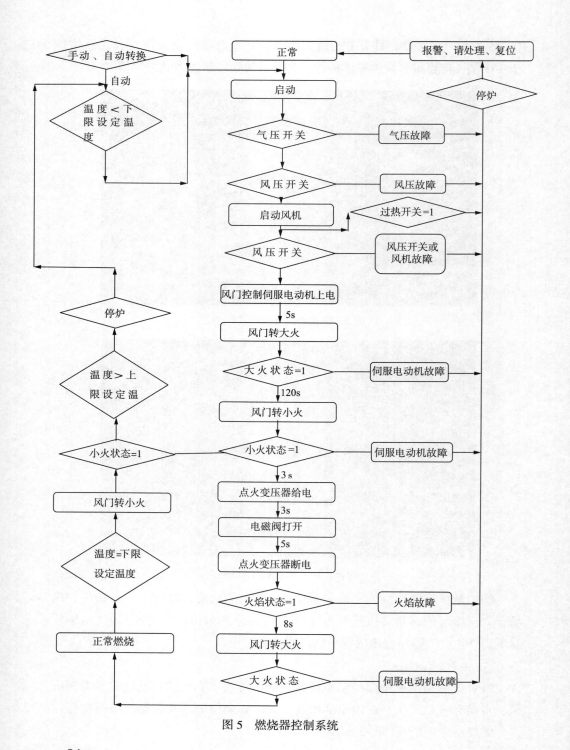

图 5 燃烧器控制系统

（1）炉膛自动吹扫及合理配风。停炉后点火、点火失败或运行过程中都需要对炉膛及烟道系统完成一次吹扫。点火前吹风，可以有效地清除在炉膛及烟道中可能集聚的可燃气体，提高燃烧器运行的安全性。

（2）自动点火和灭火。燃烧器未改造之前点火时不能实时监测燃烧状况、预测突发故障，易出现伤害事故。PLC 改造后的点火过程全部实现自动化。在成功吹扫完成后进行点火准备，点火成功后，点火指示灯亮。若 PLC 在扫吹后未接收到点火成功的信号，就会发出"报警"（点火指示灯灭），立即停止所有设备运行，进行故障检测，如图6所示。

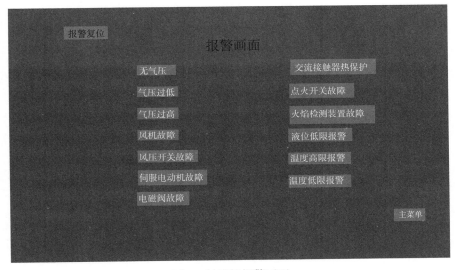

图6　触摸屏报警画面

（3）炉内温度控制。加热炉燃烧过程中温度过高，导致压力上升，可能会造成爆炸事故，对炉内温度的控制尤为重要。根据设定温度与实际温度比较后，按照检测结果向燃烧器执行机构发出启停炉及大、小火转换的指令信号。改造后的燃烧器通过控制伺服电动机对风门及气门的调节来控制大、小火的转换。

（4）数据远传。所有信号通过 PLC 通信模块将数据传输到邻近配水间机房，由交换机完成数据交换，小站值班室通过组态后的监控图实时监控到加热炉的运行情况，一旦发生故障，可第一时间进行处理，提高了加热炉运行的安全性、可靠性，避免了因巡检不及时造成故障后停炉时间过长而引起管线压力升高的问题。网络拓扑图及组态画面图如图7所示。

利用力控组态软件进行上位机程序开发，实现加热炉主监控画面、报警画面、报表、历史趋势显示等效果，如图8至图11所示。

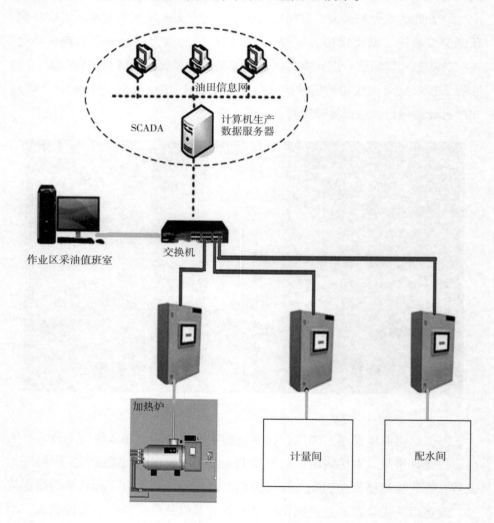

图7　网络拓扑图及组态画面图

三、应用效果

（1）实现了加热炉远程自动监控，降低了职工的劳动强度。通过对加热炉运行参数的远程监控，实现了燃烧器故障智能报警提示，员工在值班室可以及时解决问题，节约了巡检费用。

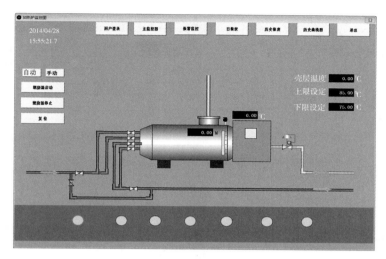

图 8　监控主画面

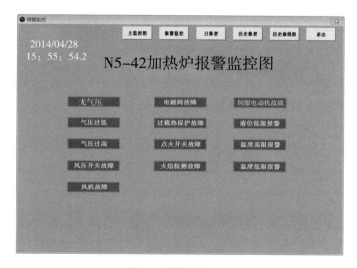

图 9　报警监控画面

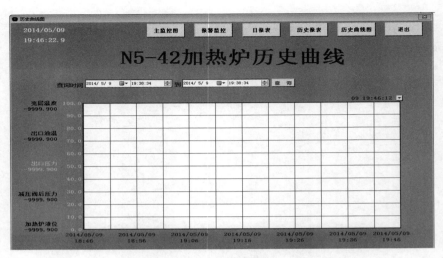

图 10　历史趋势画面

N5-42日报表

序号	时间	加热炉壳层温度	加热炉出口温度	加热炉出口压力	减压阀后压力	加热炉液位
1	2014/04/14 08:00:00	—	—	—	—	—
2	2014/04/14 10:00:00	—	—	—	—	—
3	2014/04/14 12:00:00	—	—	—	—	—
4	2014/04/14 14:00:00	—	—	—	—	—
5	2014/04/14 16:00:00	—	—	—	—	—
6	2014/04/14 18:00:00	—	—	—	—	—
7	2014/04/14 20:00:00	0	0	0	0	0
8	2014/04/14 22:00:00	0	0	0	0	0
9	2014/04/15 00:00:00	—	—	—	—	—
10	2014/04/15 02:00:00	—	—	—	—	—
11	2014/04/15 04:00:00	—	—	—	—	—

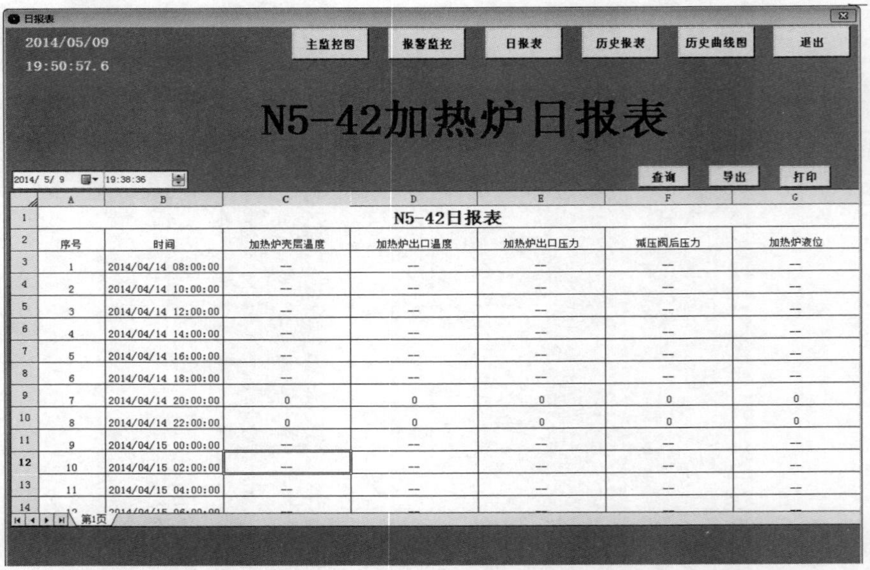

图 11　日报表画面

（2）优化了燃烧状态，提高了效率，降低了污染。根据设定温度与实际温度比较，按照检测结果向燃烧器执行机构发出启停炉及大、小火转换的指令信号。对燃烧器的燃烧状态、加热炉进出口油温实时监控，并对燃烧器风门进行优化控制，使燃烧更加充分，提高了加热炉效率，降低了环境污染。

（3）生产数据统一管理，协助安全生产部署。实现了联网数据远传，使加热运行数据上传至计算机室的生产数据库，并以 WEB 形式发布在单位信息网上，授权用户可随时上网查看，统一管理。

四、技术创新点

以 PLC 技术为控制系统核心，以人机界面为监视控制中心，在保证燃烧系统安全运行的前提下，实现了燃烧过程、安全检测和危险防范的自动化，消除了人工操作方式的弊端，为确保加热炉燃烧器的安全稳定运行提供了有效的监控调节手段。

输油泵过滤器专用拆卸装置

乔永青 刘世问 高 强

（青海油田采油五厂）

一、问题的提出

更换清理输油泵过滤器是集输工在原油转输过程中的一项日常工作内容，工作量较大且烦琐。现阶段通常使用撬杠插入过滤器压盖拆卸孔眼用人力拆卸过滤器，但是在使用撬杠拆卸过滤器压盖过程中由于密封过于严密，造成拆卸难度大、劳动强度高，曾经发生过5、6个人使用2m长的加力杆没有打开过滤器压盖的现象。此工作的不能及时完成不仅延长了操作时间，而且降低原油转输量。针对这一问题，我们设计、制作了输油泵过滤器拆卸装置，达到操作方便、节时省力的目的。

二、改进思路及方案实施

输油泵过滤器拆卸装置由多角度支撑杆和改良后的剪式千斤顶两部分组成。

（一）多角度支撑杆

过滤器压盖上供拆卸用的孔眼共有4个呈90°均匀分布，支撑杆的安装位置变化大，支撑点不稳定而难以受力。针对这一问题，设计制作了多角度支撑杆，可以通过对支撑杆方向的调整，达到能够360°无死角使用的目的（图1）。

（二）改良后的剪式千斤顶

改良后的剪式千斤顶增加焊接了两个半圆柱接触面，使两个受力点贴合紧密，稳固安全（图2）。

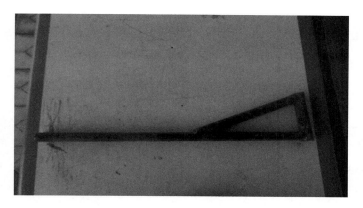

图 1　多角度支撑杆

其主要施力构件为剪式千斤顶。利用千斤顶原理，收放螺纹杆，使用时只需将支撑杆、千斤顶与过滤器压盖依次连接，并且使支撑杆、千斤顶，与过滤器压盖紧密贴近。只需摇动千斤顶摇把，即可使支撑杆受力后轻松顶开过滤器压盖。

图 2　改良后的剪式千斤顶

三、应用效果

由于输油泵过滤器拆卸装置具有构造简单、重量轻、便于携带、使用安装方便、省时省力等特点，一名女职工只需要 5min 即可轻松拆卸过滤器。该装置已长期应用到接转站班组的现场（图 3），得到基层员工的一致好评。

图 3　现场安装使用效果示意图

四、技术创新点

输油泵过滤器拆卸装置具有构造简单、重量轻、便于携带、使用安装方便、省时省力的特点，可大面积推广到采油班组、注水站等。

（1）减轻员工工作强度，减少操作时间，提高设备使用率，提高了工作效率。

（2）按照每 3d 清理过滤器 1 次，节约延误运转时间 1h 输油 15m³ 计算，一个月多输油 150m³，1 年多输油 1800m³，即每年可减少延误输油量 1800m³。

便捷式高压阀门更换装置

兰成刚　王　涛　王爱法

（华北油田二连分公司）

一、问题的提出

由于油田集输作业中的水管线和油管线中都含有腐蚀性介质，而且内部压力高，因此经常出现管线上阀门本体腐蚀穿孔、闸板脱落、钢圈和密封垫渗漏等事故。为了保证生产的顺利进行，防止环境污染，避免安全事故的发生，必须及时对管线上损坏的阀门、钢圈进行更换。但是，目前还没有专用的更换工具，现场作业时，不仅要拆除故障配件，还必须拆卸掉相邻的管线，不仅工作量大，需要操作人员多，劳动强度高，时间长，并且管线拆开后往往会因热胀冷缩或震动等原因发生伸缩变形，导致重新安装新配件时管线无法对中。对变形小的还能利用导链、加力杠、千斤顶等辅助工具强力矫正后再进行安装，对于变形大的只能用电气焊进行焊割。

二、改进思路及方案实施

为了提高劳动效率，高效完成注水量，确保安全生产，研究制作了方便快速更换阀门的便捷式高压阀门更换装置，并成功地应用于实际生产中。便捷式高压管线阀门更换装置包括更换器和扶正器两部分：利用两个卡子固定在更换部件管线上，作为两个支撑点，使用千斤顶将更换部件两侧管线分开；利用两组调节螺钉和调节杆作用，控制管线上下位移，调节张开的管线回到原位，利用滑道原理，在固定护套与调节杆间隙配合，控制管线左右偏移；对在固定护套与调节杆间隙配合作用下，管线仍发生偏移，使用扶正器，将左右偏移的管线扶正。

便捷式高压管线阀门更换装置包括更换器和扶正器两部分，更换器（图1）由上卡子、下卡子、上支撑板、下支撑板、固定杆、上固定套、下固定套、调节螺钉、千斤顶、调节杆、固定螺钉、上卡子固定螺钉、上卡子螺杆、上卡子螺杆轴 、下卡子固定螺钉、下卡子螺杆、下卡子螺杆轴、上卡子螺钉垫片、下卡子螺钉垫片等组成。

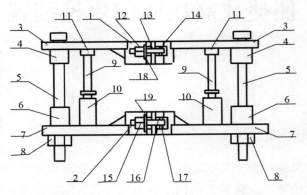

图 1　更换器

1—上卡子；2—下卡子；3—上支撑板；4—下支撑板；5—固定杆；6—上固定套；7—下固定套；
8—调节螺钉；9—千斤顶；10—调节杆；11—固定螺钉；12—上卡子固定螺钉；13—上卡子螺杆；
14—上卡子螺杆轴；15—下卡子固定螺钉；16—下卡子螺杆；17—下卡子螺杆轴；
18—上卡子螺钉垫片；19—下卡子螺钉垫片

扶正器（图 2）由扶正器固定轴、扶正器螺杆轴、扶正器螺杆、扶正器螺钉垫片、扶正器螺钉、扶正器左卡片、扶正器右卡片组成。

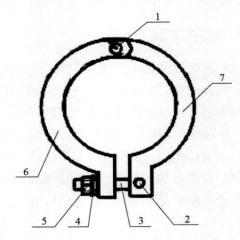

图 2　扶正器

1—扶正器固定轴；2—扶正器螺杆轴；3—扶正器螺杆；4—扶正器螺钉垫片；5—扶正器螺钉；
6—扶正器左卡片；7—扶正器右卡片

更换装置设计原理：高压阀门、钢圈、单流阀与管线连接的间隙很小，利用卡子及支撑板固定在更换部件两侧作为支点，依靠千斤顶配合使用，将故障部件两侧管线进行分开，取出故障部件。阀门两侧管线分开后，利用护套内径和固定杆外径间隙配合原理，使两侧管线运动位移，只能沿护套和固定杆控制的轴线方向运行，从而控制其管线的左右偏移。调整固定杆上下移动的距离，可控制更换部件两侧管线在固定杆轴线上运动的距离，顺时针转动固定杆可使分开的管线回到原位。高压阀门两侧管线左右偏移严重，在护套和固定杆作用下，管线与故障部件密封仍然发生左右偏移的，再采用扶正器内侧卡片在同一平面的原理，在其作用下使管线与更换部件的两端头平行，实现管线扶正对中的目的。

便捷式高压阀门更换装置操作步骤如下：

（1）将更换装置上下卡子固定在要更换部件的管线上。

（2）调节千斤顶和支撑杆使千斤顶头进入支撑杆内。

（3）调整调节螺钉到合适高度，卸下更换部件的卡箍。

（4）转动千斤顶使阀门、单流阀、钢圈两侧管线分开。

（5）取下旧阀门、钢圈或单流阀，装上新阀门、钢圈或单流阀。

（6）上好阀门，紧固调节螺钉管线回到原位，上好另一侧的卡箍。

（7）对管线偏移回不到原位的，用扶正器扶正后，上好卡箍，卸下更换装置。

（8）卸下更换装置，倒通流程，检查钢圈是否有渗漏。

三、应用效果

目前该装置已成功转化成产品，在水井井口和注水流程管线上进行了现场应用（图3、图4），正逐步在华北油田二连公司推广应用。该装置将有4个方面优势：

（1）操作得到简化，更换作业时由于千斤顶作用，不用拆卸相邻管线。

（2）更换过程中固定护套和扶正器作用，防止了管线偏移，不动用电气焊，不用加力杠、导链等工具，从而避免了安全事故的发生。

（3）更换阀门由原来的120min，缩短为20min，工作效率提高84%。

（4）该装置操作方便快捷，降低了劳动强度，减少了维修费用，避免了环境污染，保证了生产顺利进行，提高了注水量和原油产量。

图 3　更换装置实物　　　　　　　图 4　更换装置现场操作

经济效益如下：

（1）该装置全部推广后，预计每年更换中强力校正损坏部件密封面等，减少更换 DN65/250 高压阀门 20 个，单价 5589 元,DN65/250 单流阀 15 个，单价 3700 元。合计节省 5890×20+3700×3=16.7（万元）。

（2）该装置全部推广后预计每年减少更换阀门、单流阀、钢圈动用电气焊 70 次，以每次 2000 元计算，全年节省 2000×70＝14（万元）。

总计节省 16.7+14=30.7（万元）。

年更换作业 85 次，其中在更换泵出口和干线管线作业时，停注次数 30 次，应用后，每次更换时间由 120min 减少至 20min，保证了注水率，实现了地层的平稳注水，其经济效益是不可估量的。

四、技术创新点

该工具研制成功，彻底解决现场施工中更换高压故障部件的难题。该装置应用后，能够更换垂直、横向、倾斜方向上所有的高压水管线及低压油水管线的阀门、钢圈、单流阀和密封垫等，更换时只需拆卸更换部位的连接，操作方便快捷，降低了更换时间和强度，减少了维修费用，避免了环境污染，有效防止了安全事故的发生，保证了生产顺利进行。

机泵故障停机远程无线报警系统

张文超　冉俊义　付　起

（华北油田第三采油厂）

一、问题的提出

第三采油厂输油工区肃宁站热水泵在实际运行中发现存在以下问题：

（1）本站热水泵声音小，热水泵房内防盗门窗关闭时密封较严，停泵时不易被发现，给岗位员工巡检造成不便。

（2）值班室距离热水泵房较远，当热水泵突然故障停机时，如果当班人员不能及时发现，往往很快造成加热炉烧高温，这给安全生产带来很大隐患。

（3）现有加热炉报警器只有温度和火焰报警，没有加热炉的低压和高压报警装置，不利于安全生产。

二、改进思路及方案实施

针对这一问题，研发小组成员从经济型、可实施性、有效性和对其他工作的影响等四方面，提出了"增加巡检力度""根据加热炉高温报警后去检查运转泵""研制并安装无线压力报警系统"三个方案。

研发成员经过分析、评估、验证，最终决定研制并安装无线压力报警系统。

根据电路图研制和组装，见图1、图2。

研制成功的实物图见图3。这套"机泵故障停机远程无线报警系统"主要由发射系统和接收报警系统两部分组成。发射系统由电接点压力表、电池（3V）、发射器、继电器及外壳组成；接收系统由接收放大器和蜂鸣器组成。

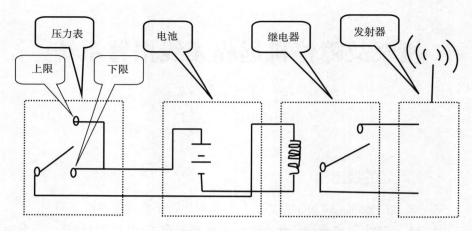

图1　信号发射系统内部电路示意图

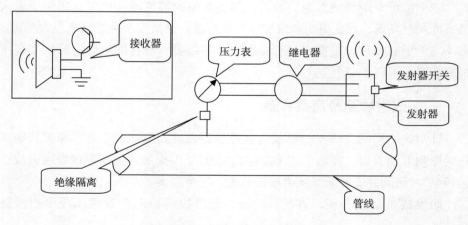

图2　整体安装原理示意图

三、应用效果

　　研制成功以后，把这套系统分别安装在热水泵房总出口及值班室内（图4、图5），并进行试验。

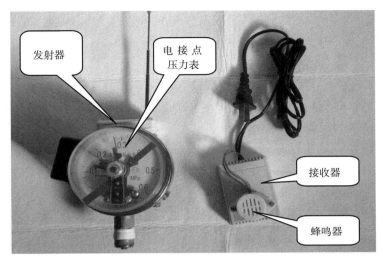

图 3　实物图

图 4　发射器安装使用图

图 5　接收报警器安装使用图

经过岗位员工的多次全天候（包括雷雨天和雪天）试验，该装置存在以下优点：

（1）在热水泵突然故障停机或压力表落零时均能够及时报警，成功率达到100%。

（2）由于电接点压力表有上限和下限两个报警极限，因此当流程中出现闸板脱落等现象堵塞管线，使压力表显示超压的情况时，这套装置也报警，大大提高了生产的安全性。

四、技术创新点

（1）该创新项目结合了生产实际情况，2012年获国家实用新型专利，专利号：210220351512.9。

（2）该装置从设计到完成，单套成本386元。投资少，效益大，投入使用以来，为设备的安全生产提供了强有力的保障。

（3）实现了运行参数的无线报警，解决了值班员工不能在第一时间发现"机泵因故障停机"的实际问题，提高了生产运行的安全性，降低了员工的劳动强度。

（4）该装置简单适用，应用比较广泛，在任何有压力系统的企业，都能推广使用。除离心泵等运转设备外，还可推广应用于油田集输管线、抽油机出口管线上，当集输或单井管线有漏油现象时，由于压力突然降低，也可起到报警作用，为安全生产提供了强有力的保障。

应用正交试验法提高三相分离器分离效果

冯 松 郭连升 王振东

（华北油田第一采油厂）

一、问题的提出

随着华北油田进入中、后期开采阶段，注水强驱技术的应用在提高采收率的同时，也伴随着地面采出液量增大，原油含水率不断升高的问题。在原油脱水系统中，传统的电脱水工艺不仅流程复杂而且运行能耗大，自动化水平低，存在着一些不安全的因素。现今脱水工艺中用三相分离器取代电脱水器已成为主流，三相分离器的分离效果决定着油气处理的质量。要保证三相分离器平稳高效运行，就必须对设备的关键运行参数进行准确的优化。

雁一联合站共有三台 HNSW3.6×18 型三相分离器，主要用于处理同雁输油线、雁北及刘李庄采油站、合开作业区单井卸油和本站来油。设备投用后分离效果差，致使雁一联合站外输原油含水率在 0.8%～2.5% 之间波动（图 1）。为了提高三相分离器分离效果，降低原油含水率，我们在生产现场利用正交试验法对三相分离器关键运行参数进行优化研究，从而确定了合理的生产运行参数，提高了三相分离器分离效果，降低了雁一联合站外输原油含水率。

二、改进思路及方案实施

我们首先对雁一联合站三相分离器生产概况进行调查，从设备结构、工作原理、现场工艺条件与设计参数对比、分析等方面入手，找到问题关键症结，进行改善，从而提高三相分离器分离效果，达到降低外输原油含水率的目标。

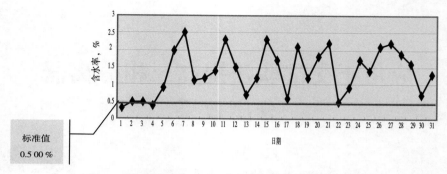

图1　雁一联合站 2015 年 1 月外输原油含水率折线图

（一）三相分离器结构及工作原理

三相分离器主要由壳体、进油管、预分离筒、出油管、出水管、导水管、捕雾器、重力沉降室、滤料、油室、水室、浮子液面调节器、自力式压力调节阀、磁翻板液位计等组成。

油、气、水混合物首先进入油气预分离筒，利用离心力进行气液旋流预分离；然后油气分层进入重力沉降室，经分离滤料油气水进一步分离，天然气经捕雾器分离后通过三相分离器气出口进入天然气系统；液相的油、水混合物在重力作用下，因密度的差别进行分层，水相沉降在液相区的底部，上部为油层。当油层的液位高出隔油板顶部时，溢过隔油板进入油室，然后通过下部的油出口排出。水层经下部导水管进入水室后通过出水口排出（图2）。

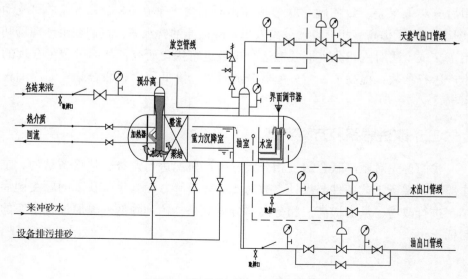

图2　三相分离器工作原理流程图

（二）三相分离器关键技术参数统计

我们对三相分离器设计参数与运行参数进行现场统计对比，发现设计参数给定范围比较宽泛，生产运行参数与设计参数之间差值较大（表1）。

表1　三相分离器设计与运行参数统计表

项目	设计参数	运行参数	备注
稳定处理液量（m³/d）	≤4500	4000～4500	处理量不稳
压力（MPa）	<0.6	0.15～0.2	符合
温度（℃）	≤90	50	符合
处理后原油含水率（%）	≤0.5	≤2.5	不合格

（三）方案实施

进行现场实验，了解三相分离器进液温度、处理量、进液压力与原油含水率之间的关系。在实验中保持单一变量原则，通过采取逐一改变工艺参数的方法使三相分离器的油相含水率降低，试验结果如表2所示。从表2中可以看出，改变操作参数原油含水率发生改变，显现出原油含水率随温度升高、压力降低、处理量变小而降低的规律，并且参数之间具有一定的交互作用。

表2　三相分离器参数调整试验数据记录表

站点	日期	进液温度（℃）	进液压力（MPa）	处理量（m³/d）	原油含水率（%）
雁一联合站	2015.4.14	50	0.15	4000	2
雁一联合站	2015.4.15	55	0.15	4000	0.6
雁一联合站	2015.4.16	50	0.15	4000	1.4
雁一联合站	2015.4.17	50	0.2	4000	0.87
雁一联合站	2015.4.18	50	0.15	4000	0.8
雁一联合站	2015.4.19	50	0.15	4500	4.6

通过现场试验确认影响三相分离器分离效果的主要因素有进液温度、进液压力、处理量等。针对关键运行参数，我们运用正交试验法进行优化并找出最佳工艺参数组合。正交试验法是研究多因素多水平的一种设计方法，它用正交表来设计试验方案和分析试验结果，能够在很多的试验条件中，选出少数几个代表性强的试验条件，并通过这几次试验的数据，找到较好的生产

条件，即最优的或较优的方案。

　　本次试验目的是搞清楚关键参数对分离器分离效果有什么影响，哪些参数是主要的，哪些参数是次要的，从而确定最优生产条件，即进液温度、进液压力和处理量定值多少才能使三相分离器分离效果最好。根据实验目的确定了 3 个因素 2 个水平数，选择 L4（2^3）正交表安排试验（表 3），试验结果如表 4 所示。

表3　因素水平表

因素 水平	因素 A 进液温度（℃）	因素 B 进液压力（MPa）	因素 C 处理量（m³/h）
1	50	0.15	4000
2	55	0.20	4500

表4　正交试验结果分析表

实验号	因素 列号	进液温度（℃） A 1	进液压力（MPa） B 2	处理量（m³/h） C 3	实验结果 含水率（%）
1		1	1	1	1.3
2		1	2	2	2.8
3		2	1	2	1.7
4		2	2	1	0.4
均值 1		2.050	1.500	0.850	
均值 2		1.050	1.600	2.250	
极差 R		1.000	0.100	1.400	

　　对试验结果进行直观分析如下：

　　直接看：4 号试验最好，结果为 0.4，工艺条件为 $A_2B_2C_1$。

　　算一算：从均值看出最好的工艺条件为 $A_2B_1C_1$。

　　从极差 R 的大小看出因素重要程度的次序：处理量→操作温度→进液压力。

　　进行综合评定："直接看"与"算一算"结果有差异，但重要因素 A、C 是一致的，为 A_2C_1；次要因素 B 在 B_1、B_2 之间选取，分离器进液压力高，则液体在分离器内停留时间短，处理后原油含水率较高，因此选 B_1。经过对试验结果进行综合评定，确定最佳工艺参数组合应是 $A_2B_1C_1$。

制作正交试验效应曲线（图 3），对试验因素进一步分析，B 因素还有潜力可挖，B 因素进液压力再小一些效果更好，但进液压力过低将导致分离器内液位过高，产生天然气管线进油等问题。对试验结果进行综合评定，确认最佳工艺参数组合应是 $A_2B_1C_1$。即三相分离器进液温度 55℃，稳定处理量 4000m³/d，进液压力 0.15MPa。

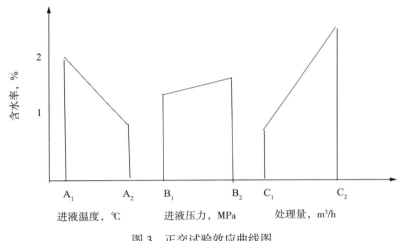

图 3　正交试验效应曲线图

三、应用效果

我们对雁一联合站外输原油含水率进行持续监测得出结论：应用正交试验法对三相分离器关键参数进行优化后提高了三相分离器分离效果，外输原油含水率长期稳定在控制值 0.5% 以下，达到原油外输合格标准（图 4）。

四、技术创新点

本次试验按全面试验要求需进行 $3^2=9$ 种组合的试验，若按 L4（2^3）正交表安排试验只需进行 4 次，明显减少了工作量。正交试验法是一种高效、快速、经济的试验设计方法，随着在工作中的广泛深入应用，将对现场管理水平的提升起到重要作用。生产现场设备运行中，只有不断摸索工艺参数对设备运行效率的影响规律，找到最合理的操作参数组合，追求设备运行高效化，才能最终达到提质增效的目的。

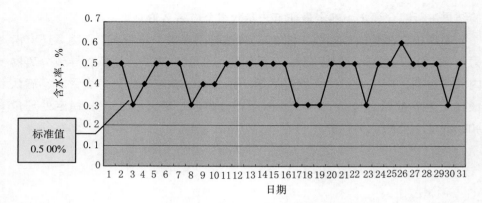

图 4　参数调整效果跟踪图

外装式机械密封调整器

顾仲辉

（吐哈油田吐鲁番采油厂）

一、问题的提出

机械密封是离心泵、离心机和压缩机等设备的密封装置，目前较为普遍的机械密封分为内装式机械密封和外装式机械密封。机械密封工作原理是指由至少一对垂直于旋转轴线的端面在流体压力和补偿机构弹力（或磁力）的作用下以及辅助密封的配合下，保持贴合并相对滑动而构成的防止流体泄漏的装置。外装式机械密封的弹力加载机构由金属波纹管和橡胶波纹管作辅助密封。

外装式机械密封动环在电动机轴套上安装，机械密封压缩量即密封效果可以通过动环与轴套的相对距离进行调整。压缩量的大小决定了机械密封的密封效果与使用寿命。传统的机械密封安装大多由经验丰富的工作人员通过手压感知动环、静环之间的作用力来判断密封量，机械密封在安装好后会出现密封量或大或小的情况发生。重新调整压缩量则需要再次打开泵壳对机械密封进行调整，反复调整到机械密封不泄漏、摩擦副温度合适为止。机械密封压缩量调整不合适，压缩量小，泵体内的液体会通过摩擦副渗漏；如果压缩量过大会使摩擦副温度过高导致摩擦副过渡磨损，从而使机械密封寿命降低。

二、改进思路及方案实施

针对以上问题，我们研制出了外装式机械密封调整器来解决压缩量调整困难的问题。为了使离心泵机械密封在调整时不拆解泵体，该调整器对传统的机械密封调整方式进行改变，将机械密封调整安装动环和静环的顺序进行改变，通过机械密封调整器在不拆解泵壳的情况下，对机械密封规定压缩量在泵体外侧进行调整。该机械密封调整器由两半式卡环、卡环固定螺栓、轴套固定螺栓、顶丝和压板组成。将组装好的调整器安装到泵轴套上，将卡环固定螺栓上紧卡环，将卡环贴紧机械密封动环固定器端面，再用轴套固定螺栓将卡环固定在轴套上，用顶丝顶动环固定器端面压板，通过测量调整器卡环与机械密封动环固定器端面与压板之间的间隙来实现对机械密封压缩量的调整。

机械密封调整器结构及工作原理如图1所示。机械密封调整器实物如图2所示。

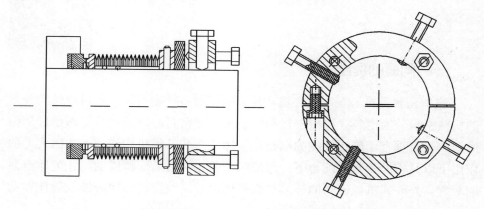

（a）机械密封调整器工作原理图　　（b）机械密封调整器结构图

图1　机械密封调整器

图2　机械密封调整器实物图

在实验过程中通过对调整器不断改进，将机械密封调整器改进成销轴顶丝式，在应用效果上销轴式调整器在操作空间狭小的设备上使用更加方便快捷，现场应用如图 3 所示。

图 3　机械密封调整器现场应用图

1—辅助压板；2—机械密封压缩量调整装置

三、应用效果

研制成功后，小组成员对销轴式机械密封调整装置进行再加工，并将其配备至维修小组，对维修小组更换维修机械密封的状况进行统计，统计结果见表 1。

表 1　外装式机械密封安装调试时间对照表

日期	地点	耗时（min）											备注
		放空	拆泵	安装密封	测试	装泵	测温验漏	用时	调试	总用时	以往用时	工时对比	
2016.05.07	果 8 站 1 号外输泵	0	0	0	0	0	0	0	7	7	216	209	修复
2016.06.03	果 8 站 2 号外输泵	1	6	4	1	15	5	32	5	37	89	52	更换
2016.06.26	恰 3 站 1 号外输泵	2	5	4	3	12	6	34	6	40	—	—	更换
2016.08.17	果 4 站 2 号外输泵	0	0	0	0	0	0	0	9	9	—	—	修复
2016.10.08	恰 4 站 1 号外输泵	0	0	0	0	0	0	0	10	10	31	21	修复
2016.11.07	泉 2 站 1 号喂水泵	0	0	0	0	0	0	0	7	7	—	—	修复

机械密封压缩量调整装置在安装使用过程中，将调试时间由原来的80min减少为8min，更换安装一台机械密封的时间也由以往的112min减少为39min，机械密封使用量由原来的30台/年减少到7台/年，年节约成本费用10万元。

　　效果总结：

　　（1）机械密封调整器在吐鲁番采油厂现场离心泵进行应用，调整机械密封松紧方便快捷，通过电子塞尺的配合使机械密封压缩量的调整更加精确，减少了机械密封泄漏和烧损的风险，延长机械密封寿命达2500h。

　　（2）机械密封压缩量调整更加方便快捷，利用两半式卡环进行固定拆装方便，不对旋转设备增加零部件；此调整器可对40~60mm轴径的机械密封进行调整，应用范围广。

　　（3）运用机械密封调整器，不需要拆解泵体就可以实现对机械密封泄漏量的调整，降低了劳动强度，提高了工作效率。

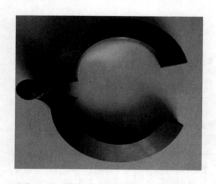

图4　机械密封调整器压板实物图

四、技术创新点

　　该机械密封调整器通过两半式卡环及卡环固定螺栓对泵体轴套进行固定，操作快捷便利，且能使机械密封动环不轴向移动。另外，通过压板（图4）的设计使机械密封调整器能适应多种轴径的机械密封调整。

新型液面浮油聚集器

李魁芳　岳海鹏　高　毅

（冀东油田油气集输公司）

一、问题的提出

污水生化处理站厌氧池随进水产生大量漂浮在池面各处的油污及杂质，液面浮油不能有效聚集于收油槽附近，清除这些油污及杂质需操作员工手动降低收油槽高度，使收油槽沉入水面1～2cm，利用高度差使水带动液面浮油及杂质灌入收油槽中，操作员工手持浮油清理工具划动水面产生波浪，推动远离收油槽的油污及杂质向收油槽附近漂浮，随水流流进收油槽。大量污水随之被排出至污水沉降池，造成比较严重的重复处理现象，操作员工工作效率低、劳动强度大。

二、改进思路及方案实施

经过长期的研究改进，确定了新型液面浮油聚集器设计方案。

厌氧池进水口安装导引水槽，厌氧池液面浮油聚集器利用可调节支架安装在导引水槽出水口处，利用水流冲击板式叶片旋转，叶片带动水面产生连续波浪持续推动液面浮油向收油槽一侧浮动并汇集。进行收油操作时只需手动降低收油槽高度收集汇聚在收油槽附近的浮油，减少大量污水因收油排出造成的重复处理问题。厌氧池液面浮油聚集器板式叶片采用1.5mm不锈钢板解决污水腐蚀问题，叶片高度为12cm，长度为60cm。安装时将厌氧池液面浮油聚集器板式叶片吃水深度定为10～15cm，导引水槽安装在厌氧池进水口处，外形进口宽度尺寸为60cm，出口宽度尺寸为40cm，两侧水挡板高度为10cm，加速、聚集水流冲击板式叶片旋转。通过安装在厌氧池进水口的导引水槽使厌氧池进水冲击板式叶片，板式叶片为面向水流方向弧形设计，因叶片正背面压力不同，这个压力差使转轮转动起来，弧形叶片旋转会对水面产生一个推力，推动水面产生波浪，推动漂浮散布在池面的污油及杂质向进水对面的收油槽聚集，加快收油速度，减少污水外排量，降低员工操作强度，提高工作效率。

新型液面浮油聚集器见图1，安装位置见图2。

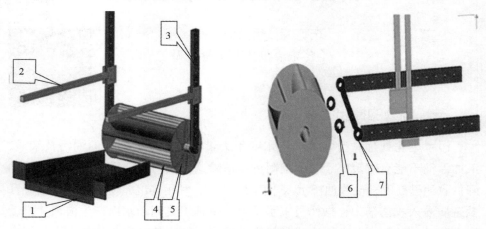

图1　新型液面浮油聚集器

1—导引水槽；2—固定杆；3—可调节支架；4—板式叶片；5—挡水板；6—聚四氟轴承；7—配销钉轴承

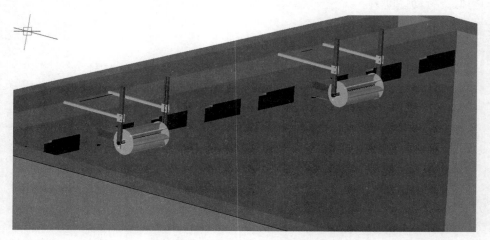

图2　实际生产中安装位置

三、应用效果

统计时间：2015年1月5日—2015年2月2日。

收油次数：每天1次。

改造前后数据对比见表1。改造后收油时间见表2。

表1　改造前后数据

日期	改造前				日期	改造后			
	南中沉池		北中沉池			南中沉池		北中沉池	
	水含油（mg/L）	COD（mg/L）	水含油（mg/L）	COD（mg/L）		水含油（mg/L）	COD（mg/L）	水含油（mg/L）	COD（mg/L）
2014.4.21	6.2	156	5.9	154	2015.1.5	3.5	109	3.6	108
2014.3.28	6.2	136	6.0	136	2015.1.12	3.9	112	3.8	106
2014.5.5	6.8	123	6.3	122	2015.1.19	4.2	106	4.0	108
2014.5.12	5.2	134	4.8	134	2015.1.26	2.8	104	2.9	108
2014.5.19	5.0	123	4.2	131	2015.2.2	2.6	119	2.9	120
平均值	5.9	134.4	5.4	135.4	平均值	3.5	110	3.6	110

表2　改造后收油时间

日期	水含油（mg/L）	收油时间（min）
2015.1.5	3.5	10
2015.1.12	3.9	8
2015.1.19	4.2	8
2015.1.26	2.8	6
2015.2.2	2.6	6

改造前收油时间：18 min（单组）。

改造后收油时间：7 min（单组）。

12组收油节约时间：152 min。

四、技术创新点

厌氧池液面聚油器采用耐磨抗腐蚀聚四氟轴承免人工维护，动力来源为厌氧池进水水流冲击而不附加其他能源消耗。厌氧池聚油器随进水水流冲击连续旋转，使厌氧池液面保持波浪推动，解决原有浮油及杂质四散漂浮需操作员工不定时手动收集的问题，改为每天固定时间操作升降式收油槽集中收集，解决了大量污水伴随浮油及杂质外排造成严重的重复处理问题，有效地降低了生产运行成本的消耗。此成果已获国家专利局实用新型专利认证，专利号为 ZL201520321157.4，荣获集团公司 2017 年油气开发专业一线创新成果二等奖。

罗茨鼓风机皮带张力调节装置

李魁芳　岳海鹏　高毅

（冀东油田油气集输公司）

一、问题的提出

目前高尚堡联合站采出水处理站有一套生化站污水处设备，其中好氧池所需空气由站内罗茨鼓风机提供。鼓风机在日常使用和维护当中，有时会遇到更换鼓风机皮带的操作，随着操作次数的增加，电动机两侧用以移动电动机位置、调整皮带松紧的顶丝及顶丝所对应的电动机地脚边缘容易发生变形，使得电动机移动困难甚至卡死，进而导致皮带一直处于张紧状态难以更换。如进行维修则需要将变形部位重新焊接，费时费力，并且会影响顶丝的使用寿命；如不维修强行在皮带张紧状态下更换，会耗费更多的人力，并且员工在更换皮带操作过程中因使用工具撬动皮带拆卸面临一定的安全风险。另外，单纯用顶丝调整容易造成电动机偏斜，若在电动机偏斜的情况下换上皮带运行，会降低鼓风机运行效率，增加电动机运行负担，缩短皮带的使用寿命。

调节罗茨鼓风机皮带张力因调节顶丝易变形导致操作难度大；员工更换、调节皮带张力使用非正常工具操作存在伤害风险；调节顶丝受力不均造成鼓风机与电动机皮带轮产生偏斜，增加皮带非正常磨损，影响鼓风机正常运转。

采用原有方式更换皮带，难以保证皮带更换的质量，容易发生皮带张力过大皮带磨损加剧，皮带张力过小皮带轮打滑或皮带轮前后不对中等不良工况。在不良工况下，鼓风机会产生诸如：皮带损耗严重频繁更换，鼓风机耗电量增加效率降低，鼓风机轴承、齿轮非正常磨合，影响鼓风机使用寿命等一系列设备问题，极大地增加了不必要的生产成本。

二、改进思路及方案实施

主体改造部分以蜗轮蜗杆减速机为主要传动机构，如图1、图2、图3所示。在电动机基座下方加装蜗轮蜗杆减速机，其中蜗轮在电动机外侧，蜗杆贯穿整个电动机基座。在蜗杆的中部有两个内螺纹管件与蜗杆螺旋齿相啮合，管件上方焊接 U 形卡槽用以固定电动机地脚。整个机构以人力摇动手轮，传动至蜗杆，进而带动 U 形卡槽以及卡槽上的电动机移动，如图 4 所示。

图 1　电动机外侧蜗轮蜗杆减速机

图 2　电动机内侧蜗杆固定

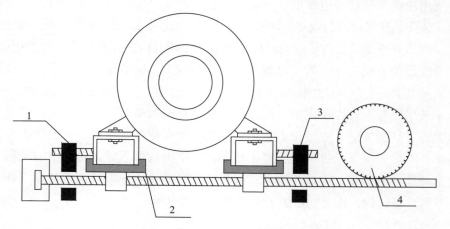

图 3　新皮带张力调节机构原理简图

1—后固定板; 2—U 形卡槽; 3—前固定板; 4—涡轮螺杆

　　在电动机的对角两侧，继续保留顶丝，用以固定电动机，但加长顶丝的固定管件，用以减少顶丝的形变，延长其使用寿命，如图 5 所示。在电动机前后方焊接定向导轨，用以保证在电动机移动过程中不会发生偏斜，影响皮带传动，如图 6 所示。

图 4　蜗杆与 U 形卡槽

图 5　内侧顶丝固定

图 6　电动机上方下方定向导轨

操作方法：

（1）松掉内侧顶丝，摇动减速机手轮，将电动机向内侧移动大约 5cm；

（2）依照正常更换皮带方法更换皮带；

（3）摇动手轮，移回电动机至止点；

（4）使用内侧顶丝固定至电动机皮带张力符合要求为止；

（5）对角紧固电动机地脚螺栓。

三、应用效果

　　首先，新罗茨鼓风机皮带调节机构，能够减少顶丝因长期使用而产生形变的问题，减少了鼓风机顶丝的维修次数，节约维修成本。

最后，新的调节机构能够减轻员工的工作负担，降低人力成本，更可以避免操作中所产生的安全风险。总之，新罗茨鼓风机皮带调节机构的经济性主要体现在其保证正常生产操作的实用性上。

四、技术创新点

新罗茨鼓风机皮带调节机构，采用新的传动方式，经试用能够较为轻松地移动电动机，保证皮带更换操作安全高效，避免因皮带更换不当所产生的不良工况，并且传动平稳，发挥了蜗轮蜗杆传动机构的优点，能够大大减轻工作人员在此项操作中的工作负担。同时，新的传动机构，工作稳定，使用寿命长，减少了鼓风机维修次数，节约了维修成本，可以推广使用。

此成果已获得国家专利局实用新型专利认证，专利号为 ZL201521107883.2，并荣获集团公司 2017 年油气开发专业一线创新成果三等奖。

新型折角式过滤器

李魁芳　岳海鹏　李天宝

（冀东油田油气集输公司）

一、问题的提出

　　离心泵入口过滤器是输送介质管道上不可缺少的一种装置，通常安装在离心泵的进口端，用来消除来液介质中的杂质，以保证离心泵的正常运行。当流体进入装有一定规格滤网的滤筒后，其杂质被阻挡，颗粒杂质被截留在滤网内部，而清洁的滤液则由过滤器出口排出。当需要清洗时，可拆卸滤筒取出滤网，处理后重新装入即可。但在使用过程中，过滤器滤网易被杂质堵塞，使滤网有效过滤面积减少，离心泵进口吸入量不足，造成泵内过流部件脱流损失、冲击损失增大，泵内液体汽化，使离心泵出现汽蚀现象，会损坏泵内各部件及烧毁机械密封。如果过滤器内滤网长期被杂质堵塞，使得泵进口压力低，过滤器前后压差增大，容易造成滤网变形，过滤效果变差，降低了过滤器对离心泵的保护作用，造成泵体内各部件的磨损、损坏和维护保养费用增加等问题。

二、改进思路及方案实施

　　经过长期的研究改进，确定了新型折角式过滤器的设计方案，不仅利用折角式结构增加了过滤板的支撑强度，而且通过增大过滤器滤网的有效过滤面积，保障了泵入口吸入量，降低了过滤器堵塞率，延长了过滤器清理周期，折角处用活动的连接装置使得清理更为方便，底部滤网能有效地清理出沉积在过滤器底部的杂质，杜绝了滤网被抽吸变形的现象。

　　新型折角式过滤器，主要包括以下几个组成部分：

（1）多折角形过滤板。

（2）过滤板的下方设有与折角滤板相同直径滤孔的底托。

（3）过滤板为表面带有滤孔的折角面，所采用的滤孔直径均为统一规格尺寸。

（4）折角滤板和底托采用焊接的方式固定连接在折角过滤板支撑圈上。

（5）顶部两个孔可以放入销子。

新型折角式过滤器结构如图1所示。

图1　新型折角过滤器结构图

设计原理：该新型折角式过滤器将插板式过滤器内的长方形插板改为带有折角的插板结构，增大了过滤板的有效过滤面积，即：相同规格的过滤缸缸体内过滤板的过滤目数增大。同时通过折角对过滤板的多点支撑作用，增大了过滤板的支撑强度，折角面的棱角对水流起切分作用，以减小水流对过滤网面的冲击力，可防止滤网变形。因为水流冲击在直板滤网上时，以点冲击的形式作用在滤网上；当改为折角结构时，水流冲击力会被折角切分，显著减小了冲击力，可防止过滤网变形。

采用圆形支撑圈，用焊接的方式固定连接折角过滤网和底托。其中圆形支撑圈的尺寸规格可根据生产现场实际中原有的过滤器缸体尺寸进行选择。

过滤面积比较：

$$S = S_A \times q \times p \tag{1}$$

式中　S —— 过滤面积，m^2；

　　　S_A —— 滤网面积，m^2；

　　　q —— 开孔率，%；

p —— 过滤精度，%。

在同样情况下，新型折角式过滤器和长方形插板式过滤器可以选择相同的开孔率和过滤精度，而折角式过滤器的滤网面积更大，因此拥有更大的过滤面积和有效流通面积，不容易受到杂质堵塞的影响。

将模拟的材料相同厚度的两种板一端固定，在另外一端施加相同的力可以看到波纹板比平板具有更好的承载能力和抗变形能力，如图 2 所示。

图 2　过滤网变形情况

滤网强度的比较与模拟结果有所不同，主要不同在波纹数少、受力情况不同和固定方式不同，但原理类似，可以看作对比两种滤网使用过程中的强度，同时，折角式过滤器的滤网也可以参考波纹板将滤网做成梯形折角滤网。另外，新型折角式过滤器有上下支撑圈和底托，帮助中间滤网形成三角形稳定结构，提高折角式过滤器的滤网强度。

堵塞情况比较：与长方形插板式过滤器（图 3）较为均匀分散的堵塞部位不同，折角式过滤器由于存在斜面，其堵塞部位较为集中在中间的折角和两边沿部位，不容易造成大面积堵塞。并且因为拥有较大的过滤面积，即使有部分部位堵塞，也能够保证液流正常通过。另外，可以在容易堵塞的部位加开滤孔，提高这些部位的液体流动速度，减少不必要的沉积，避免滤网堵塞。

图3 过滤网堵塞情况

三、应用效果

在生产现场的实际应用中，以 DN200mm 规格入口管线直径为 ϕ 325mm 过滤器为例。

采用常规直板过滤板，滤板的过滤孔数为 711 个；

采用新型折角结构的滤板，滤板的过滤孔数为 1103 个；

采用新型折角结构的滤板折角角度为 65°。

该离心泵进口管线上安装的传统过滤器，6 个月内过滤板变形出现了 3 次，清理过滤器周期为 1 次 / 周；应用折角式过滤器后未出现过滤板变形，清理周期为 1 次 / 月；清理一次的时间大大缩短。可以看出，使用折角型过滤器可以延长清理周期，解决了过滤器易堵塞、变形，清理沉积杂质困难、清理周期短，清理时间长的问题。

四、技术创新点

（1）新型折角式过滤器通过增大过滤器滤网（滤板）有效过滤面积，保障了泵入口的吸入量，减少了泵内部构件损坏，节约了维修费用。

（2）降低过滤器堵塞率，延长了过滤器清理周期，减轻了员工负担。

（3）由于底托设计，新型折角式过滤器能更方便有效地清理出沉积在过滤器底部的杂质。

（4）采用折角式插板结构滤网，增加了滤网的强度，减少了滤网（滤板）被抽吸变形的现象。

可以说，与旧有长方形插板式过滤器相比较，新型折角式过滤器能够更好地完成过滤杂质，保障离心泵运行的任务，并且使用寿命更长，能够减轻员工的工作负担。可以在生产工作中推广使用。

此成果已获得国家专利局实用新型专利认证，专利号：CN205446207U，荣获集团公司 2017 年油气开发专业一线创新成果三等奖。

解决难题

凝析油稳定装置流程优化

胡伟明　魏西尧　杨志军

（塔里木油田塔西南勘探开发公司）

一、问题的提出

大北作业区天然气处理厂凝析油稳定装置处理来自集气装置、脱水脱烃装置及大宛齐来的未稳定凝析油和污油，稳定后凝析油在醇烃液预热器与低温未稳定凝析油热交换后成为合格产品输送至凝析油罐区（图 1）。

2014 年 7 月 11 日大北作业区天然气处理厂一次试运成功，日处理天然气 $500×10^4$ m³/d，凝析油 80t/d，由于液量过低无法满足凝析油外输泵 46.46m³/h 的工作排量，为保证凝析油稳定装置的运行，操作员工采用间歇性启停凝析油外输泵的操作方式维持凝析油稳定塔的液位。间歇性的操作不但影响了凝析油稳定装置工艺参数的平稳运行，也造成稳定后产品凝析油饱和蒸气压波动大，取样数据显示间歇性操作期间饱和蒸气压在 38～85kPa 之间反复波动，不合格率不断上升。

如何实现凝析油稳定装置连续平稳运行、确保稳定凝析油饱和蒸气合格，成为处理厂投产后亟待解决的问题。

二、改进思路及方案实施

通过核对设计参数与生产数据，脱水脱烃装置日处理天然气 $500×10^4$ m³/d 符合设计要求，日稳定凝析油 80t/d 仅为设计最低处理量的 14.67%。凝析油稳定装置设计总处理量：前期 545t/d，稳产期 685t/d，蒸气压≤ 66.7 kPa（37.8℃时），凝析油稳定装置日处理负荷过低成为不稳定运行的根本原因。

确定了问题原因，围绕提高凝析油液量，结合工艺手册、PID 图、设备使用手册，查阅相关文献及资料，拓展思路，首先列出几种方案及改造难点。

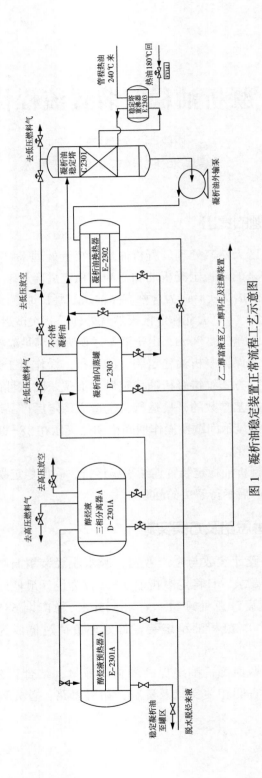

图 1　凝析油稳定装置正常流程工艺示意图

方案1——提高天然气处理量增加凝析油量。天然气处理厂日处理天然气 500×10^4 m³/d 是设计单套最大负荷，作业区单井日产也是严格按照配产表执行，所以为得到满足凝析油装置运行所需液量而增加天然气处理量和随意调配单井气量是无法实现的，而且即便是可以调整气量，再投运一套脱水脱烃装置，其凝析油增加1倍的情况下依然无法满足凝析油装置平稳运行，故此方案不可行。

方案2——在凝析油外输泵出口新增流程至凝析油稳定塔，实现泵出口部分液量放回至稳定塔，保证稳定塔液位和凝析油外输泵持续稳定运行。凝析油稳定装置处理来自集气装置液液分离器的未稳定凝析油，以及脱水脱烃装置及大宛齐来的凝析油和污油，其中脱水脱烃装置凝析油温度较低 −28℃，必须在醇烃液预热器与稳定后凝析油 80℃换热至 50℃方能得到较好的醇、烃分离效果，所以在考虑稳定塔液位和凝析油外输泵运行稳定的同时必须保证稳定凝析油与低温醇烃液的连续热交换，此方案的实施只能解决塔液位及泵运行的问题，无法保证醇、烃分离效果，故此方案不可行。

方案3——控制凝析油外输泵出口流量保持凝析油外输泵连续运转及稳定塔液位稳定。凝析油外输泵属屏蔽泵，工作原理及自循环冷却设计限制了设备本身的出口排量不能大幅限制调节，所以此次改造的方向也不能从改变外输泵排量的角度出发。

既要满足凝析油装置不间断运行，保证醇、烃分离效果，但又不能在大幅增加天然气处理厂日处理量、改变机泵排量等方面做优化，给此次改造增加了难度。

方案4——从满足整体流程连贯、保证现工况处理量以及保证醇、烃液分离效果的思路出发，综合装置多个工艺节点接入后工况分析，利用工艺管段预留口将换热后稳定凝析油从醇烃液预热器壳程出口通过新增流程部分返回至凝析油稳定塔液相出口，既保证了醇烃液预热器的连续热交换效果，又维持了凝析油稳定塔和凝析油外输泵正常运行的液量，同时实现施工成本最低化（图2）。

为确保凝析油稳定装置运行期间技改工作的安全高效实施，针对作业全程展开 PHA，消除变更造成的隐患，制订具体的改造方案，优化动火作业中的置换、吹扫方案，采用厂外预制、组对安装与置换同时进行等多种措施，8h 完成技改及投运工作（图 3）。

内循环流程投运后稳定塔液位与凝析油外输泵均实现连续运行，且醇、烃液加热温度达到 45℃，工艺操作反应凝析油稳定塔液位波动及凝析油外排泵振动异常。现场排查原因系新增内循环流程采用手动阀门控制流量，与外输去凝析油储罐手动阀的配合调整操作不够平稳，导致内循环凝析油量忽大忽小，后续调整操作方法将手动阀门作为初调，凝析油外输泵出口调节阀整定 PID 参数后作为辅助调节，逐步削减波动幅度，最终实现凝析油装置内循环流程平稳运行，至此，凝析油正常流程内循环流程改造成功实施并取得良好效果（图 4）。

三、应用效果

（1）凝析油稳定装置新增内循环流程完成后收到预期效果：

①凝析油稳定塔液位基本保持在 40%～50% 波动内，稳定凝析油饱和蒸气压低于 50kPa，有效降低机泵汽蚀风险；

②凝析油外输泵从改造前每 2h 启运 1 次，改为 24h 连续运行，员工劳动强度得到明显改善；

③醇烃液预热器热交换连续、稳定，升温后醇烃液保持温度在 45℃ 左右，收到良好分离效果。

（2）经济效益额的计算：

凝析油外输屏蔽泵 A/B/C 受汽蚀影响频繁启停操作，寿命急剧缩短，经常更换，按单台 80000 元计算，全更换一次 80000×3=240000（元）。

（3）安全效益：

①未稳定凝析油在储罐大量挥发，在罐区形成易燃易爆环境；

②未稳定凝析油挥发过程将油品中汞蒸气带出在罐区及厂区聚集，对环保及人员健康造成安全隐患。

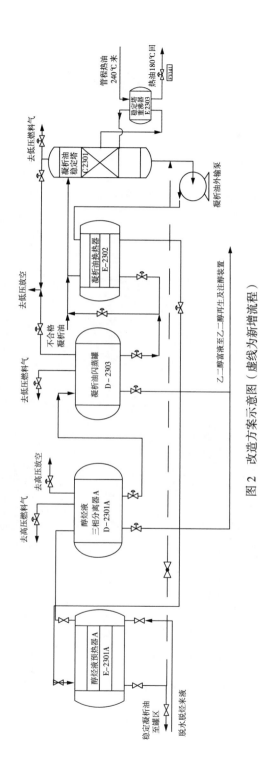

图 2　改造方案示意总图（虚线为新增流程）

图 3　技改现场流程示意图（箭头所示为新增流程）

图 4　技改现场流程整体示意图（箭头所示为新增流程）

四、技术创新点

大北作业区天然气处理厂凝析油稳定装置正常流程内循环改造投入小、效率高，完全满足改造需求，有着其他改造方法不能比拟的优势，为相同工艺中因设计与实际工况偏差引起的工艺改造需求，提供了简单、有效的参考依据。

高压柱塞泵取阀装置

王立新[1] 杨凤九[2] 周忠军[2]
（1.大港油田第一采油厂；
2.大港油田第四采油厂）

一、问题的提出

高压柱塞泵用于油田的高压注水作业。第一采油厂港东注水站在 2013 年 6 月扩容改造投产以来，站内设有型号为 5ZB130/7 型、柱塞直径为 80mm 的高压柱塞泵 8 台，其泵头内设置上部带有螺孔的阀座、吸液阀片、吸液弹簧、排液阀片及内外弹簧等部件连接组成的阀体总成。由于高压水柱容易对排液阀片等部件造成冲击损伤，从而影响高压注水任务的完成，因此需要经常将阀体总成从泵头承压孔中取出检修、更换。然而在设计与安装高压柱塞泵的过程中，为了防止液体内泄，高压柱塞泵泵头承压孔的内壁与阀座之间配合非常紧密，将阀体总成取出非常困难，用撬杠或套筒扳手套在固定螺栓部位左右转动也不能顺利地将阀体总成拆卸下来，员工劳动强度大，加之冬季若长时间液力端阀体总成不及时更换维修，会造成泵头内结冰，堵塞吸液、排液孔道。同时，撬杠在起撬时对阀座反复摩擦，容易损伤阀座，导致承压孔内壁损伤；另外，起撬过程中撬杠很容易在泵头上打滑，导致操作人员容易撬空、摔倒，使手臂等部位撞伤，存在重大安全隐患。

二、改进思路及方案实施

如图 1 所示，新型取阀装置主要包括三大部分：活动式螺栓、反外扣滑轮螺栓及反内扣支撑架。另外还包括螺栓部位、螺旋杆、平衡杆和筋板。主体 ϕ35mm 螺旋杆的长度是扶正架的 1.5～2 倍。这种平衡螺旋式取阀装置，可将扶正架 7 固定在阀体上，按阀体总成固定螺母的大小更换相适宜的螺栓 1，旋进阀体定位螺母上，用平衡杆 6 穿入六角螺帽的一端螺孔内进行垂直旋进 2～3 下，即可顺利地将阀体总成从承压孔内取出。前端采用 M12、M14、

M16 的螺栓，可根据现场阀体总成的固定螺母进行更换。

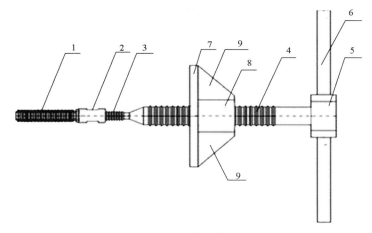

图 1　取阀装置设计图

1—活动式螺栓；2—平头螺母；3—固定式螺栓；

4—反外扣滑轮螺栓；5—六角螺帽；6—平衡杆；

7—扶正架；8—反内扣支撑架；9—筋板

取阀装置三维立体图如图 2 所示。

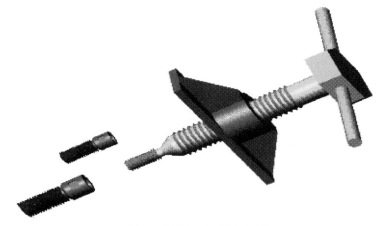

图 2　取阀装置三维立体图

新型取阀装置有以下优点：

（1）取阀装置结构简单，与阀座定位孔对准率较高，操作更加安全，更加方便快捷。

（2）可把质量达 10kg 阀体总成取出，不但增大了取阀成功率和维修操作效率，而且避免了用传统方法造成的撬杠对液缸内壁的损伤、对阀座的反复摩擦撞击导致的频繁损坏，以及更换阀体总成的费用增加。

（3）使用新型取阀工具操作，缩短了维修机泵时间，确保了注水任务的完成，稳定提升了油井的产量。

（4）降低了员工劳动强度，极大地解决了设备因冬季维修时间过长而冻堵的问题，也避免了撬杠撬空或打滑使维修人员摔伤等重大安全隐患。

三、应用效果

2014 年至今，高压柱塞泵取阀装置自在第一采油厂部分注水站，第四采油厂二区 15 站、26 站、板三注及第三采油厂部分注水站进行了 265 台次的应用，效果在于能由原来 4～6h 缩短为 10min 即可把 10kg 阀体总成顺利取出，提高了劳动生产率 3 倍以上，取代了以往撞击式取阀器。此平衡式取阀器体积小、重量轻，结构简便，操作、加工方便，成本低，可以在全油田内及其他各大油田推广使用，效果极为显著。

（一）经济效益

按港东注水站每天启运 4 台注水泵计算，年损坏阀体 12 个，月损伤吸液阀片 30 个、排液阀片 15 个，每个阀体 415 元、吸液阀片 25 元、排液阀片 58 元来计算，使用此工具每年可免去外修人员修复液缸缸壁的损伤 2 次、减轻阀体总成等部件损坏程度。2014 年仅一港东注水站就节约了材料经济指标 20 万余元。

经济效益计算依据如下：

（1）阀体材料成本折算效益＝年损坏阀体数（个）×阀体单价（元）=12×415=4980（元）。

（2）液缸缸壁损坏成本折算效益＝年损坏（次）×外修费用（元）=2×2000=4000（元）。

（3）年更换泵头成本折算效益＝年更换次数（次）×更换费用（万元）=1×10=10（万元）。

（4）人工成本。常规取阀使用撬杠或撞击式取阀器操作，一台高压柱塞泵共计 5 组柱塞需 2 人耗时 4～6h 方可完成，该种取阀装置只需 1 人，用时 10min 便可完成；在现场应用的 314 台高压柱塞泵中，单台泵维修阀体总成

12 次，314 台泵年节约人工 15072h，按每小时人工成本 50 元计算，年节约人工成本 75.3 万元。

（二）社会效益

该种高压柱塞泵取阀装置成本低、操作简单，可有效地提高注水泵运行效率，快速取阀缩短了机泵维修时间，极大地解决了设备因冬季维修时间过长而冻堵等问题，也避免了撬杆撬空或打滑使维修人员摔伤等重大安全问题。

此新型工具，首创了省事省力、轻便、快捷的操作方法，该装置加工成本低、安全可靠，具有广泛的推广价值和应用价值。

四、技术创新点

研制了一种高压柱塞泵平衡螺旋式取阀装置实用新型工具，首创了省事省力、轻便、快捷的操作方法。该装置加工成本低，操作方便，安全可靠。此成果获得国家实用新型专利，专利号为 ZL201420543421.4L，并荣获集团公司 2017 年油气开发专业一线创新成果三等奖。

输油泵自动变频控制方式的改进

姜　宏　张晓静　范文斌

（青海油田采油三厂）

一、问题的提出

七个泉集输站分离器液位和输油泵自动变频一直运行不平稳，造成输油泵机械密封因干抽损坏，原油泄漏。造成自动变频运行不平稳的主要原因在于 PLC 内部 PID 调节模块达不到控制要求，被动将自动改为手动操作，同时员工频繁奔赴现场开关阀门和手动调节外输频率，也增加了操作人员的劳动强度。

运行不平稳的内在原因在于分离器液位由油、水相出口管线上的电动调节阀开度来控制，现用的是 PLC 内部 PID 调节模块。当液位高于设定液位时阀门突然开大，反之关到最小，无法稳定在设定值内，使液位忽高忽低，输油泵进口压力不稳，影响外输泵的平稳运行；外输泵频率由外输泵进口压力控制，压力高于设定压力时频率突升至最大值，反之降到最小值，无法稳定在设定值内，使外输泵频率忽高忽低，输油泵损坏。

二、改进思路及方案实施

鉴于七个泉集输站分离器液位和输油泵自动变频一直运行不平稳的实际情况，考虑对 PLC 内部 PID 调节模块进行技术改进。若要保证分离器液位和输油泵自动变频运行平稳，有两种方案：一是更换 PLC 系统，二是使用 PID 智能调节仪。使用方案一成本太高，一套性能好的 PLC 系统需近 20 万元，本着节约成本理念，选择方案二。

要解决这一问题，首先抛开 PLC 的内部控制，更换系统或增加独立的 PID 智能调节仪，将油相和水相的电动阀各由一块 PID 智能调节仪控制，输油泵频率改为 PID 智能调节仪控制。为了不影响操作人员在上位机上还能监控分离器液位、泵进口压力，对仪表信号接线方式进行了改进，达到一个信号同时在两块二次仪表上显示，使油水相的液位、泵进口压力可在 PID 调节仪和值班室的监控计算机上同时显示。在不改变操作人员操作习惯的前提下完成了外输泵自动变频平稳控制的改进，具体方案见频率控制接线图，如图 1 所示。

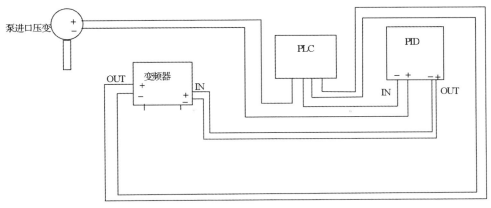

图 1　频率控制接线图

为了达到泵进口压力能在上位机和 PID 调节仪上同时显示的目的，采用了信号串联方式（串联电路电流相等）。泵进口压力变送器信号正极接入 PLC 接线端子 24V DC+，给仪表供电，泵进口压力变送器信号负极先接入 PID 调节仪 4～20mA+，再由 PID 调节仪 4～20mA－引出接入 PLC 接线端子 4～20mA 输入，形成回路。PID 调节仪 4～20mA 输出接至变频器 4～20mA 输入端子，控制泵频率。变频器 4～20mA 输出接至 PLC 接线端子，在上位机上显示运行频率，如图 1 所示。

为了达到分离器液位能在上位机和 PID 调节仪上同时显示的目的，采用了信号串联方式（串联电路电流相等）。分离器液位变送器信号正极接入 PLC 接线端子 24V DC+，给仪表供电，分离器液位变送器信号负极先接入 PID 调节仪 4～20mA+，再由 PID 调节仪 4～20mA－引出接入 PLC 接线端子 4～20mA 输入，形成回路。PID 调节仪 4～20mA 输出接至电动调节阀 4～20mA 输入端子，控制泵频率。电动调节阀 4～20mA 输出接至 PLC 接线端子，在上位机上显示阀门开度，如图 2 所示。

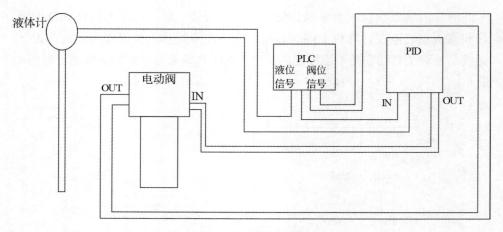

图 2　液位控制接线图

改造后分离器油、水相液位曲线如图 3 所示。

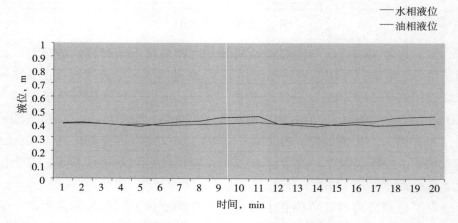

图 3　改造后分离器油、水相液位曲线图

三、应用效果

通过 PLC 内部 PID 调节模块的改进，采用 PID 智能调节仪，减少了员工频繁奔赴现场开关阀门的频率，降低了劳动强度，实现了自动密闭集输，为单位每年节省系统改造费用 20 万元左右。该技术改进取得了较好的经济效益，为单位其他站区推广应用奠定了基础。

四、技术创新点

在 PLC 内增加 PID 智能调节仪，将油相和水相的电动阀、输油泵频率都由 PID 智能调节仪控制；并对仪表信号接线方式进行了改进，使油、水相的液位、泵进口压力在 PID 调节仪和室内监控计算机上同时显示，从而完成了对外输泵自动变频平稳控制的改进。

真空引水装置在外排水泵中的应用

张学军　岳海鹏　高　毅

（冀东油田油气集输公司）

一、问题的提出

高尚堡联合站 4 台外排泵均属于单级双吸离心泵，在日常生产运行中存在以下几方面的问题：

（1）启泵困难，每次启泵之前都需要人工灌泵，且人工灌泵时间较长。

（2）泵进口管线底阀被水藻、杂物等堵塞，导致泵进口吸液不足。底阀被较为坚硬的石子、杂物等卡住，导致单向底阀密封不严，泵进口管线不存液，且在灌泵时导致灌泵液体从泵进口管线流失无法充满泵体。

（3）由于进口管线底阀漏失，在灌泵时双吸离心泵泵体内灌液不足，操作员工经验不足，使离心泵长时间处于"假排气"状态运转，导致泵体内液体汽化，叶轮空转，泵体内结构如轴承、轴套、机械密封等重要部件磨损严重，维修成本较大（表 1）。

表 1　2013 年全年外排泵维修成本表

维修部件	更换数量（套）	维修台次（台）	单价（元）	合计（元）
机械密封	8	4	2800	22400
轴套	8	6	2400	19200
轴承	6	4	1400	8400
合计				50000

（4）底阀处于外排池缓冲阀井内，阀井水深 3m，且阀井内温度高，可能存在有毒有害气体，属于受限空间，每当清理底阀时需人工下到阀井底部，危险系数较高，操作难度大。

高尚堡联合站生化外排泵优化改造前泵机组装机状态见图 1。

图 1　生化外排泵优化改造前

二、改进思路及方案实施

　　针对外排泵启泵难和底阀维修困难的问题，特提出利用水环真空泵和单级双吸离心泵组合而成的真空引水装置。

　　真空引水装置由 1 台 2BV 水环真空泵，1 个气水分离器，1 组管道阀件组成真空设备。单级双吸离心泵顶部排气口均安装一个球阀，并用管道与水环真空泵相连。球阀的作用是使渗入离心泵内的空气可自由进入真空泵，防止离心泵启动后水进入真空泵，见图 2。

图 2　真空引水装置

如图 3 所示，真空引水装置启用后，可取消外排泵底阀的安装，在外排泵进口管线 11 的水下末端加装一网状隔板，起到防止杂物堵塞管线的作用。启动外排泵前，首先关闭外排泵出口管线上的阀门，打开外排泵进口管线的阀门，打开隔离球阀，启动水环真空泵（首次启动水环真空泵，必须先从补水阀向气水分离器内补水），待有液体从溢流管线内流出时，停水环真空泵，关闭隔离球阀，此时可启动外排泵。

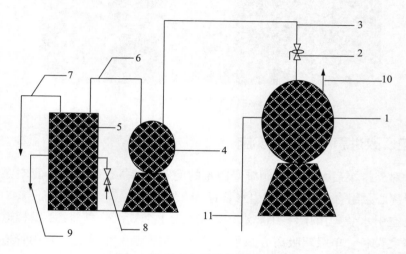

图 3　水环真空泵及外排泵连接图

1—外排离心泵；2—隔离球阀；3—真空泵进口管线；4—水环真空泵；5—气水分离器；6—真空泵出口管线；
7—分离器排气管；8—补水阀；9—溢流管线；10—外排泵出口管线；11—外排泵进口管线

离心泵启动前，打开球阀（连接阀），启动水环真空泵，利用真空技术抽吸离心泵吸入管道及泵体内空气，使离心泵具备启动条件，当气水分离器的溢流管线有水排出后，停水环真空泵，关闭球阀，此时可启动离心泵。需要启动离心泵时，首先关闭球阀，使离心泵与水环真空泵隔离开来。本装置中工作液采用水作为介质，因工作液可循环使用，系统大大减少了工作液的消耗和对环境的污染。2BV 水环真空泵设有汽蚀保护管接口，如在极限压力下工作，开启汽蚀保护管接口（或与分离器连接），可在最大限度地保证吸气效果的情况下消除汽蚀，并对泵进行保护。

水环真空泵的优点：

（1）结构紧凑，泵的转速较高，一般可与电动机直连，无须减速装置。故其用小的结构尺寸，可以获得大的排气量，占地面积也小（图 4）。

（2）压缩气体基本上是等温的，即压缩气体过程温度变化很小。

（3）由于泵腔内没有金属摩擦表面，无须对泵内进行润滑，而且磨损很小。转动件和固定件之间的密封可直接由水封来完成。

（4）吸气均匀，工作平稳可靠，操作简单，维修方便。

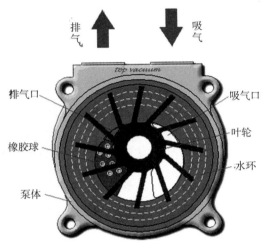

图4　水环真空泵

三、应用效果

改造前后效果对比：

（1）未加装真空引水装置前，岗位员工每次启动外排泵，都需要进行手动灌泵，且启泵时间较长，需10～15min左右才能排尽泵体及进口管路内的气体，泵机组达到正常运行；加装真空引水装置后，排气时间仅为8～10s，大大缩减了排气时间。

（2）人工灌泵时，灌泵效率低，如底阀卡阻导致底阀漏失液体，泵体灌液不足，叶轮空转，导致液体汽化，泵体内机械密封等各部件磨损严重。加装真空引水装置后，去除泵进口管路底阀，泵进口加装网状隔板，泵机组具有完全自吸功能，直接用真空引水装置排尽泵体及进口管路气体，排气简单快捷，大大减少了泵体内各部件干摩导致的配件损坏现象，降低了维修成本。目前共改造4台外排泵，均处于试运阶段，未出现任何生产故障。

（3）优化改造之前底阀维修需要工人进入深达3m的外排池缓冲阀井，

危险系数较高。改造后去除底阀，简化了管路系统，杜绝了底阀堵塞及卡阻现象，人员不用下井维修，降低了岗位员工劳动强度，提高了安全生产系数。

目前，已实施改造的外排泵，设备运转正常，大幅缩短启泵时间，降低了员工的劳动强度，在一定程度上也降低了外排泵（单级双吸离心泵）零部件的磨损情况，降低了维修、维护费用。

四、技术创新点

利用水环真空泵和离心泵组合的真空引水装置，来降低外排泵底阀清理周期及降低外排泵的维修率，并提高员工工作效率。经过多次试验，加装真空引水装置的外排泵在油田外排系统中运行良好，操作更加方便，减轻了工人的劳动强度，简化了外排管路系统，为真空引水装置大面积推广提供了借鉴。该成果获得国家实用新型专利，专利号 ZL 2014 2 0489484.8。

参考文献

[1] 陈黎明. 小型离心泵真空引水罐引水系统的分析与设计计算. 内蒙古电力技术，1995, 3.

[2] 杜增耀，刘永亮. 无底阀水泵负压引水罐容积的确定. 内蒙古石油化工，2006, 8.

安全环保

可手动开启式止回阀

王运成[1] 殷昌磊[2] 黄 河[1]
（1.大庆油田第五采油厂；
2.大庆油田第六采油厂）

一、问题的提出

止回阀是油田集输生产工艺中常用的管件之一，安装在离心泵（螺杆泵）的出口管线上，是实现液体向单一方向流动的一种装置。不同的工艺、设备对止回阀的要求有所不同，离心泵（螺杆泵）及进、出口管线由于原油初凝固、管线不畅、堵塞以及泵汽蚀等故障，需要用工艺中压力相对稍高的液体反向冲洗时，常规止回阀无法实现。

为解决上述问题，通常采用两种方法：一是将止回阀拆开，取出止回阀阀盘（或用物体垫上），使用泵出口的压力较高的液体回流到泵及进口管线，将泵及进口管线的原油初凝固、管线不畅通、堵塞以及泵抽空等故障处理后，再将止回阀恢复原位。二是由于不能及时处理泵进口管线原油初凝、管线不畅通空气不能排出，造成泵无法启动，需动用水泥车，打热水进行清扫，费时费力。

由于止回阀功能单一，不能满足油田多种工艺要求，给油田生产操作、管理带来不便，影响工作效率。经统计，2014年发生泵及进口管线堵塞4次，其中1次通过第一种方法成功解堵，3次用第一种方法解堵没有成功，用第二种方法解堵成功，消耗了人力、物力和财力。为此，必须对止回阀进行技术改造。

二、改造思路及方案实施

（一）改造思路

（1）止回阀的功能不变，泵正常运行时就是一个止回阀。

（2）如果泵及管线发生原油初凝固、管线不畅、堵塞以及泵汽蚀现象时，止回阀可以作为直通阀使用，实现泵出口（压力高）液体回流到泵及进口管，处理故障后复位，恢复止回阀的功能。

（二）方案

（1）总体方案：在升降式止回阀的底部加装一个可以手动顶起阀盘的装置，使用时手动顶起阀盘，实现返流，不用时阀盘复位就是一个常规的止回阀，名称定为可手动开启式止回阀（图1）。

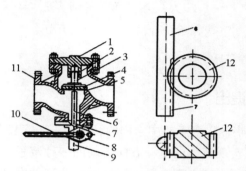

图1　可手动开启式止回阀结构

1—止回阀法兰盖；2—导向筒；3—导向杆；4—阀盘；5—阀座；6—手动顶杆；
7—手动顶杆直齿；8—密封填料压盖；9—顶杆护套；10—手柄；11—止回阀法兰；12—直齿主动轮

（2）具体方案：改造后的止回阀手动顶杆，顶杆上有直齿，外壳部分装有密封填料压盖，顶杆护套，直齿主动轮组成的手动机构。通过法兰连接在可手动开启式止回阀底部。当生产工艺需要时，可通过手柄，转动直齿带动手动顶杆向上，使阀盘沿导向筒方向向上移动，手动开启止回阀，实现液体反向流动的目的，满足多种工艺要求。处理故障后，手动将手动顶杆向下移动复位，恢复止回阀的功能。

（三）实施步骤

（1）加工制作可手动开启式止回阀各部件，见图2、图3。

图2　止回阀打孔处焊接小法兰

图3　手动顶杆、直齿和齿轮等部件组装

（2）可手动开启式止回阀各部件组装，见图4。

（3）可手动开启式止回阀现场安装，见图5。

图4　各部件组装　　　　　图5　可手动开启式止回阀安装

（4）现场试压：试验场所为含油污水岗收油泵房，收油泵型号为ZKA150-390，扬程150m，流量15m³/h。具体步骤如下：

①将原含油污水处理岗收油泵止回阀拆下，可手动开启式止回阀安装在收油泵出口处。

②手动开启式止回阀承压试验：按操作规程启动收油泵，待泵运行正常后，将泵压力控制在1.2MPa，运行时间20min，观察可手动开启式止回阀法兰、密封填料、阀体无渗漏。

③手动开启式止回阀手动开启及止回阀功能试验：收油泵在停运状态下，泵吸入口压力0.03MPa，泵出口回压0.35MPa。

④导通泵进口流程，打开泵出口阀，观察"可手动开启式止回阀"的止回功能好用。

⑤手动压下"手动开启式止回阀"手柄，开启止回阀，止回阀变成了直通阀。

⑥手动抬起手柄，恢复止回阀功能。反复手动开启、复位止回阀10次，手动开启及止回阀密封良好，功能好用。

（四）专家鉴定验收

现场试压过程中，邀请了厂质量安全环保部、矿生产办、HSE监察室人员到现场进行了鉴定验收。技术指标如下：（1）止回阀功能100%好用；（2）手动开启止回阀时，开启度达90%；（3）止回阀手动复位合格率100%。

鉴定验收结果：各项指标达到设计要求，在整个操作过程中严格执行

GB/T 12235—2007《通用阀门法兰连接钢制截止阀和升降式止回阀》标准，符合现场工艺要求，可以进行现场应用。

三、应用效果

2014年4月至2016年5月，在杏五二、杏十三联合站污水岗，含油污水处理岗，卸油站等共计安装了40个。

现场应用手动开启式止回阀处理堵塞事故6次，经过测算，一人开启止回阀需要5s，反冲洗后一人复位止回阀需要5s，实现了管线堵塞不需要拆装止回阀的目标。结果表明：手动开启式止回阀使用方便，操作可靠，处理故障效率高，经济效益248000元。

测算及评价依据：改造1个成本1000元，使用寿命5年，折合年成本200元。原来每年有1台污水回收泵需2人拆卸4次，1人次人工费按300元，年可节约人工费300元/人/次×2人×4次=2400元。每年使用水泥车及水罐车2班次，按每班次2000元计算：2000元×2=4000元。1台污水回收泵使用1年可节约资金：2400元+4000元−200=0.62万元。目前应用了40个，年经济效益：0.62万元×40=24.8万元。

社会效益：一阀两用，减轻了员工劳动强度，方便生产管理，利于安全管理，提高了联合站管理水平。

四、技术创新点

改进后，止回阀能满足手动开启（直通）和止回的功能。

防爆型远传液位报警装置

田大志[1]　安文霞[2]

（1.吉林油田新木采油厂；

2.吉林油田新民采油厂）

一、问题的提出

增压壳是长庆油田各增压站最常用的设备之一，增压壳的运行采用自动化控制，根据增压壳缓冲罐液位的上涨和下降情况控制泵的启停。液位自动启停装置在运行过程中时常会出现故障，液位达到设定高度时无法实现自动启动。由于增压壳属于小型橇装设备，缓冲空间小，液量大的增压站，如果发生自动控制装置失灵的情况，10min 发现不了就会导致气管线进油、缓冲罐超压、安全阀开启原油外泄，严重会引起锅炉火灾等生产安全事故和环境污染事故。总之，由于增压壳自动启停故障，对正常的生产秩序危害极其严重，对岗位员工造成很大压力。由于长庆采用的是 24h 倒班制度，而自动启停故障的发生又没有规律，时间长则十天半月发生一次，短的还有可能一天就发生几次，致使当班员工到室外进行巡检都得匆匆而归，更不用说参与其他室外工作了。可想而知，该故障对员工的工作造成很大的压力，并且，自动启停故障在各个增压站都有存在。

二、改进思路及方案实施

在长庆增压站出劳务期间，了解到这一问题，也切实感受到顶班员工的需求，需要一个装置，能够实现液位异常及时提醒，给员工处理故障的时间，消除安全隐患，从本质上能够增加安全系数，降低工作难度，实现生产平稳运行。

增压站属于防火防爆要害单位，要求采用的设备必须具有防爆功能，由于操作区域设备管线密布，无法采用有线连接。根据生产现场情况和所需功能要求，确定设计思路：利用增压壳原有的磁翻板液位计磁力信号，与防爆型干簧管接收导通信号，加无线信号传输装置，加报警主机。该装置主要设计思路源于门磁报警器原理，通过对防爆装置及无线传输的改装，实现了预想功能。其安装方法简单，无须对增压壳主设备进行改动，不影响增压壳原有功能，实现了设想的功能，还可对报警主机进行高端升级，实现座机手机联网报警。运行过程中后续故障率低，维护成本低，只需定期对无线电信号发射装置电池进行定期检查更换即可。该报警装置还适用于许多有类似报警需求的设备，推广前景广泛；也可与许多自动化报警设备共同使用，实现双重保护。

该报警装置主要由以下几部分组成：报警器主机，蜂鸣报警器，防爆干簧管，无线信号发射器，见图1。

报警器主机　　　　蜂鸣报警器　　　　防爆干簧管　　　　无线信号发射器

图1　防爆型远传液位报警装置组成

三、应用效果

该报警装置已在长庆油田采油七厂耿湾作业区应急三班22增投入，使用至今有1年多的时间，运行稳定可靠，液位超高报警率100%，完全杜绝了由于自动启停失灵造成的气管线进油和缓冲罐超压安全阀开启现象，为安全生产起到保驾护航的作用，同时也避免了原油外泄造成的经济损失和环境污染事故；降低了操作员工的工作难度，受到该站操作员工的和领导的极大欢迎。

四、技术创新点

防爆型远传液位报警装置具有防爆、无线远传功能，满足生产单位对防爆的要求，同时也能满足复杂地形的安装要求，可适用于有类似液位报警要求的各类设备，推广前景极大。此成果荣获集团公司2017年油气开发专业一线创新成果三等奖。